U0131673

情绪
是把刀

做自己的心理疗愈师

王伟◎著

台海出版社

图书在版编目（CIP）数据

情绪是把刀 / 王伟著. -- 北京：台海出版社，
2024.1

ISBN 978-7-5168-3768-9

Ⅰ. ①情… Ⅱ. ①王… Ⅲ. ①情绪-自我控制-通俗读物 Ⅳ. ①B842.6-49

中国国家版本馆 CIP 数据核字（2024）第 021738 号

情绪是把刀

著　者：王　伟

出版人：蔡　旭　　　　　封面设计：于　芳
责任编辑：员晓博

出版发行：台海出版社
地　址：北京市东城区景山东街 20 号　邮政编码：100009
电　话：010-64041652（发行，邮购）
传　真：010-84045799（总编室）
网　址：www.taimeng.org.cn/thcbs/default.htm
E - m a i l：thcbs@126.com

经　销：全国各地新华书店
印　刷：三河市新科印务有限公司
本书如有破损、缺页、装订错误，请与本社联系调换

开　本：710 毫米×1000 毫米　1/16
字　数：200 千　　　　　印　张：15
版　次：2024 年 1 月第 1 版　印　次：2024 年 3 月第 1 次印刷
书　号：ISBN 978-7-5168-3768-9

定　价：59.80 元

前言

情绪是人类与生俱来的生理和心理特征，是人对自身以外的客观事物产生的态度、感受以及相应的行为反应。情绪可分为喜、怒、哀、惧、爱、恶、欲七种，即我们常说的"七情六欲"中的"七情"。情绪虽然看不见、摸不着，但我们在生活中的一颦一笑、一言一行，都是情绪的真实表现。

隔壁邻居，买了辆崭新的新能源汽车，而自己还在开十年前买的旧车，而且因为生活拮据，现在连油都快加不起了，心里好烦呀！

今天，因为自己提的一个建议被公司采纳，公司给自己多发了1000元奖金，顿时心中暗喜。

和朋友们郊游，心情很放松，原本不爱说话的自己畅所欲言，得到了大家的夸奖，自己也打开了心结。

由于心情不好，我们往往看哪儿都不顺心，对同事发火，对朋友发火，对家人发火，最后大家不欢而散，我们甚至会众叛亲离。事后，冷静下来想一想，这又何必呢？

当我们在生活中遇到一些不如意的事情时，当我们如鲠在喉，吐不出、咽不下、想不通、憋得慌时，往往会心理失衡，甚至会诱发各种身心疾病。

有心理问题是正常的，并不可怕，可怕的是我们不去正视它，长期闷在心里，任其自由发展。

虽然每个人的特点和自身情况千差万别，性格、境遇也不尽相同，但情绪表现大同小异，即上文所说的"七情"。当遇到不良情绪时，我们要冷静地加以调节；只有及时地适度发泄，对症下药，释放心中的不良情绪，我们才能缓解心理压力，变得轻松愉快。当遇到好的情绪时，我们则要加以发挥。简单来说，即管好自己的情绪。

当我们感到身心疲惫时，往往是因为压力过大。这时，我们不妨休息一会儿，让自己放松下来。记住，我们没有必要让自己活得那么累。

当我们感到不如别人时，要学会向下比较，更重要的是对自己要有信心。

当我们遇到不公平对待时，不要放在心上，要以平静之心处之，这才是明智之举。

当我们看到朋友或同事发迹而心生羡慕或嫉妒时，应该把失衡的心放平稳。别人的发迹固然有其偶然性，但也有其必然性，如别人付出了辛劳或承担了风险，找到原因，或许我们便会释然。

当我们遭受婚恋挫折时，伤心、绝望、怨恨都只能让自己更受伤，为什么要自己伤害自己呢？要知道，放自己一马，才会海阔天空。

当我们烦躁不安时，不妨反复告诉自己：冷静，冷静！当我们冷静下来时，不但不再烦躁不安，还会找到解决问题的办法。

当我们孤独寂寞时，不妨找朋友聊聊天，或者和家人团聚一下，或者外出旅游散散心。

当我们对某事追悔莫及时，不妨想一想，世上没有后悔药，与其后悔，不如吸取教训，然后振作起来。

当我们闷闷不乐时，不要纠结原因，其实，快不快乐完全由我们自己决定，如果我们想让自己快乐，那么我们就一定会找到让自己快乐的理由。

当我们感到……

情绪是把刀，用好了，我们会觉得生活充满阳光；用不好，则会觉得生活黯然无光。

本书对常见的心理状态进行了故事性描述，让读者感同身受，同时为读者找出掌控情绪的方法。愤怒时要懂得宽容，过喜时要懂得收敛，悲伤时要懂得转移，忧愁时要懂得自解，焦虑时要懂得释放，惊慌时要懂得镇静……我们要管好自己的情绪，对常见的心理问题，用积极的心理暗示进行自我疗愈，提高心理免疫力和自愈力。

让我们静心享受生活给予的一切，让健康和幸福永远陪伴在我们身旁。

目录

第一章

你控制不了情绪，
情绪就控制了你

001

幸福与成功最大的敌人，是缺乏对自己情绪的控制。我们不应该做情绪的奴隶，而应该做情绪的主人。控制好自己的情绪，才能掌握人生的主动权。我们应该保持情绪的稳定，简单事不争吵，复杂事不烦恼，发火时不讲话，生气时不决策。

第二章

摆脱浮躁心理，
学会沉淀自己

013

浮躁即心浮气躁，是成功、幸福和快乐的绊脚石。浮躁会破坏人的心情，让人变得焦躁不安甚至抓狂。着急上火，解决不了问题；急功近利，会迷失自我。面对快节奏的生活和工作，放慢脚步，不急不躁，我们才能走得轻松而快乐。

第三章

超越自卑，告诉
自己"我能行"   025

　　自信是人对自身力量的一种确信，即深信自己一定能做成某件事，实现所追求的目标。自信是成功的基石，一分自信，一分成功；十分自信，十分成功。相信自己行，自己就行。相信自己，面包会有的，牛奶会有的，幸福生活也会有的。

第四章

学会管理压力，
才能活得更轻松

035

> 压力无处不在，世上不存在没有压力的人。适度的压力可以变成动力，让人变得积极上进，但过度的压力却如千斤大石，会压倒一个人。不要向自己强加压力，看淡功与名，化压力于无形，才能活得轻松快乐。

第五章

挫折并不可怕，
可怕的是一挫就折　　　　　　　　**047**

　　每个人的人生道路上都有很多绊脚石——挫折，谁都绕不开。这些绊脚石将人推向两种不同的结局：一种人失败了，因为他们被绊脚石绊倒后，就再也不愿起来了；另一种人成功了，因为他们被绊倒后，总能再次爬起来，然后把绊脚石当成垫脚石，从而走向成功。

第六章

走出心理困境，
每一天都阳光满地   059

心理素质在一定程度上是一个人所有素质的基础。人只有心理健康，才能快快乐乐地学习和工作，才能拥有和谐幸福的生活。很多人都存在或多或少的心理困惑，掩饰和回避都不是解决问题的方法。只有正视它、看清它，才能有效解决它，进而重塑健康心理。

第七章

培养情绪钝感力，
从容淡定过一生

071

为了更好地生存和发展，我们必须培养情绪钝感力（一种心理防御机制），让自己强大起来。强大不是天生的，而是经历了人生坎坷和风雨后沉淀而成的。真正的强大，是内心的强大。做内心强大的自己，才是真正的强者，才能从容淡定过一生。

第八章

心态决定状态，
所有的状态即是人生

085

　　文学巨匠狄更斯说："拥有好心态，比拥有一百种智慧都更有力量。"心态决定一个人的命运，决定一个人是否成功与幸福。心态影响着一个人的行为，心态好，心情就好，会活得轻松快乐；否则，便会觉得生活是一种负累，苦不堪言。

第九章

别把自己太当回事儿，
你没有那么重要　　　　　　　　　　**097**

　　有人时常感觉到痛苦，因为他们把自己看成珍珠，感觉自己被埋没了。别太把自己当回事儿，其实你没那么重要，别人也没时间在乎你。只有适度地看轻自己，保持谦逊，人才会活得惬意。一个人不把自己看得太重，就不会失重；不把自己看得太高，就不会失落。

第十章

以平常心观不平常事，则事事平常　　**109**

　　平常心是一种透析世情、了悟人生的智慧。世上最难得的就是平常心，以平常心观不平常事，则事事平常。能以平常心处世，自能"超然物外见真章"。世事无常，在各种磨难面前，在各种诱惑和欲望面前，若能保持一颗平常心，那么我们就能活得轻松自在，自然就能获得快乐与幸福。

第十一章

不在自己心中强求别人，
不在别人心中修行自己　　**121**

> 别总是拿自己与别人比较，尤其是无聊而盲目的攀比，只会让自己心理不平衡。不在别人心中修行自己，不在自己心中强求别人。与其羡慕别人，不如经营好自己，释放自己的光彩。人生如行路，一路艰辛，一路风景。请记住，你才是风景里的主角！

第十二章

如果想走上坡路，
先要懂得低下头　　　　　　**133**

有的人不谙世事，不懂低头，结果四处碰壁，吃了不少苦头。其实，在不丧失原则的前提下，暂时向对方认输，比硬着头皮坚持作战、把自己送上绝路要高明得多。暂时低头是在保存实力、积蓄力量，是一种生存智慧。如果想走上坡路，先要懂得把头低下来。

第十三章

活在当下：不沉湎于过去，
不奢望于未来　　　　　　　　**145**

过去已过去，未来还未来，我们可以把握的唯有当下。当下是过去的延续，也是未来的起点，正因为当下可以把握，更显其宝贵。时间宝贵，不沉湎于过去，不奢望于未来，认真活在当下，这才是人间大清醒，这才是一个人最好的活法。

第十四章

人生需要拿得起的勇气，也需要放得下的胸怀

157

生活不可能像我们想象得那么好，但也不会像我们想象得那么糟。我们总是在不断的得到和失去中前行。人生需要拿得起的勇气，也需要放得下的胸怀。拿得起是一种积极的人生态度，是一种对己对人负责的表现；放得下是一种胸怀，放得下才能轻装上阵，才能活得轻松。

第十五章

宽容忍让境界高，麻烦祸事自然少

169

人非圣贤，孰能无过？对于别人的冒犯或错误，我们应该以宽容之心、忍让之态待之。宽容忍让会让家人之间增加一些亲情，会让朋友之间增进一些友情，还会让爱人之间增添一些爱情。宽容忍让是化解矛盾、减少麻烦祸事的法宝，更是一种博大的处世胸襟。

第十六章

整个世界都在治愈你，
唯独你不肯放过自己 **181**

快乐是一种最美妙的情感体验，我们每个人都渴望得到快乐，但又很难得到。其实，整个世界都在治愈你，唯独你不肯放过自己。一个人快不快乐，不是由别人决定的，而是由自己决定的。不管你处在什么样的环境，不管别人怎么说，不管你的心情是什么样子，只要你选择快乐，你就会得到快乐。

第十七章

想最幸福的事，
就能成为最幸福的人　　　　　**193**

　　每个人都向往幸福，都想获得幸福。幸福不是谁给予的，幸福是靠自己艰苦奋斗和努力拼搏得来的，是靠自己去寻找和感受得来的。幸福是一种态度，也是一种感觉。想最幸福的事，做最幸福的人，我们每个人都可以做到。

第十八章

心安即归处，
你的善良终将被温柔以待　　　　　**205**

你的善良，不会被辜负，终会被善待，终会有福报。你的善良，终将被温柔以待，你的伤痛，终将被善良治愈。善良让世界闪闪发光，你的善良必会散发光芒。一辈子善良，是最好的人品；有颗善良的心，是最贵的黄金。善良的人活在天地间，最踏实，最心安。

第一章

你控制不了情绪，情绪就控制了你

　　幸福与成功最大的敌人，是缺乏对自己情绪的控制。我们不应该做情绪的奴隶，而应该做情绪的主人。控制好自己的情绪，才能掌握人生的主动权。我们应该保持情绪的稳定，简单事不争吵，复杂事不烦恼，发火时不讲话，生气时不决策。

学会自我克制，做自己情绪的主人

我们都有过这种体验：当情绪高涨时，会兴致勃勃；当情绪低落时，则意志消沉。情绪就像天气一样，总在不停地变化。

不管情绪产生的原因是什么，控制情绪的始终是我们自己。一个人如果没有控制自己情绪的能力，如意时得意忘形，不如意时悲观失望，很容易大喜大悲，生活得一团糟。宠辱不惊、抑制冲动、避免争论、善听批评、开放胸怀、力戒不满……这些控制情绪的方法，看起来不起眼，实则是人生不可缺少的。

威廉是个非常成功的商人，却不幸患上了眼疾，视力受损严重，阅读、写作、驾车外出都极其困难。在医院治疗期间，同病房的一个病友受不了病痛的折磨，每天不是偷偷出去喝酒，就是对着别人大发雷霆，仅仅过了半年多，那个病友便离开了人世。威廉目睹此事，倍感凄凉。因为患病，他的生意受到了很大影响，生活也渐渐陷入了困境。

在这段举步维艰的日子里，书籍给了酷爱阅读的威廉很大的慰藉。也因为患病，威廉深深体会到视力不良者的不便与需要，他决定寻找一种便于阅读的字体。

经过近一年的研究，威廉发现在纸上印有粗线条的斜纹字体不但对视力有障碍的人大有帮助，还能提高一般人的阅读速度。于是，威廉把自己仅有的 1.5 万美元存款从银行里取了出来，计划把这组新研究出来的字体整理妥当后全面推广。威廉在加利福尼亚州自设印刷厂，随后第一部特别印刷而成的书面市了。在一个月内，威廉便接到了 70 万本的订货单。

在任何场合，我们都有可能遇到不顺心的事，甚至是令自己受辱的事，这时，我们首先要做的，不是冲动，而是冷静对待，沉着应对，理智行事。也就是说，不要让情绪驾驭我们，而应该由我们来驾驭情绪。

苏萨克是一家大型商场的老板，他每天都会抽时间去自己的商场里看看。有一天，苏萨克因为突发心脏病而被送进医院接受治疗。医生洛根在与苏萨克接触的过程中，发现苏萨克是一个容易激动、脾气暴躁的人，便劝告他说："如果你还想每天起床后再看见自己的亲人和你的商场的话，你就必须在发脾气前做深呼吸，再想出一个能消除生气状态的办法。如果你不这么做的话，我只能开始为你物色一位好牧师了。因为你的病只有你自己和上帝能帮助你。"

苏萨克出院后的第一天，便早早地来到他的商场，他有好几个星期没看到他的商场和员工了，而他更希望看到商场里有川流不息的人群。他走到一个货区，发现有位女士想买鞋子，而店员们却不在工作岗位上。令他气愤的是，他发现店员们并不是因为忙碌而不能分身，而是簇拥在一起聊天。他的心跳开始加速，呼吸也变得不均匀。这时，他想起了洛根医生的话，他试着平复自己的情绪，迈着缓慢的步子走到那位女士面前，蹲下身子为她试穿她想要的鞋。最后，女士满意地离开了那里。当做完这些事后，苏萨克觉得也没什么可值得生气的。原来解决问题的办法不是在生气之后才找得到。

一个人要想做自己情绪的主人，就要懂得克制自己，避免自己在情绪的牵引下盲目地乱走。懂得克制自己的人是理性的人，这样的人冷静从容，有十足的信心控制局势，能够不急躁、有次序地前进，而且有始有终。

在一次台球冠军争夺赛中，美国选手路易斯·福克斯的得分一路遥遥领先，只要再得几分便可稳拿冠军了。这时，一只苍蝇忽然落在了主球上，他挥手赶走了苍蝇。可是，当他俯身击球的时候，那只讨厌的苍蝇又飞回到了主球上，在观众的笑声中，路易斯·福克斯再一次起身驱赶苍蝇。这只苍蝇不仅破坏了他的情绪，而且好像是有意与他作对，只要路易斯·福克斯一回到球台，苍蝇就又飞回到主球上，引得周围的观众哈哈大笑。

路易斯·福克斯的情绪恶劣到了极点，他终于失去了理智，愤怒地用球杆去击打苍蝇，球杆碰到了主球，裁判判他击球，他因此失去了一轮机会。路易斯·福克斯方寸大乱，连连失利，而他的对手则愈战愈勇，终于赶上并超过了他，最后摘得了桂冠。

达尔文说："人要是发脾气，就等于在人类进步的阶梯上倒退了一步。"处于情绪低潮中的人们，容易迁怒周遭所有的人、事、物，甚至做出一些过激的行为。其实，大可不必，很多时候，我们对待不如意之事，只需要很简单的3个字："不迁怒。"控制情绪，本身就是一种智慧。

善于管理自己情绪的人，无论走到哪里，都会受到欢迎，事业也较容易成功；而那些不善于管理自己情绪的人，很少有人愿意跟他交朋友，连朋友都交不到的人，想要成功更是难上加难。

把度量放大些，就不会生气了

有人的地方就会有矛盾。与他人有了分歧后，很多人喜欢争吵，吹胡子瞪眼，非要和人论个是非曲直不可。其实，这种做法是不明智的，吵架既伤和气，又伤感情，倒不如大事化小、小事化了的好。俗话说"家和万事兴"，推而广之，人和也万事兴。在人际交往中，切不可太认死理，为芝麻绿豆大的事，根本就没有必要生气，装装糊涂于己于人都有利。

一天，有个人去拜访当地很有名的一位学者。到了学者家中，看到其室内凌乱不堪，心中既吃惊又失望，自己崇拜的学者的家怎么能这么乱呢？气愤之余，他竟对着学者骂了一通。然而，学者却并未动怒，最后，这个人觉得无趣，扬长而去。第二天，这个人回来向学者道歉，并且问道："我那么凶狠地骂你，你为什么不生气呢？"学者淡然地答道："你好像很在意'学者'这一头衔，其实对我来说，这是毫无意义的。所以，如果昨天你说我是猪的话，我也会承认。因为别人既然这么认为，一定有他的根据；假如我顶撞回去，你一定会骂得更厉害，这就是我没有反驳你的缘故。"

这位学者不愧为智者：虽然你骂了我，但我觉得你的话对我没有意义，所以我根本就不会在意你骂了什么，更不会因此而生气，去与你争吵。生气、争吵都没有必要，你骂什么我都接受，因为你有你的道理，我不回击，因为我也有我的道理。

从这则故事中，我们可以得到如下启示：在现实生活中，当双方发生矛盾或冲突时，对于别人的批评，除了虚心接受之外，还要练就毫不在意的功夫。人生在世，难免会与他人发生矛盾，这时，一定要心胸豁达，不要为了不值得的小事大动肝火。看开些，就会觉得没必要生气，更没必要和别人争吵。这样，别人才会觉得我们气量大。

生活中，常有人喜欢论人长短，在人背后说三道四。如果听到有人议论自己，就想要与其论个高低，不但自己因此而生气，还浪费了宝贵的时间。其实，我们完全没必要生气，完全没必要理睬这种人。只要能自由自在地按自己的方式生活，又何必在意别人说了些什么呢？而且，嘴巴长在别人身上，我们哪里管得了？生气伤的只是自己的身体罢了。所以，在与人发生矛盾时，不要急着去逞口舌之快，忍一忍，不去理会别人不堪入耳的言辞，你会发现，事情并非你想的那么糟糕。

从前有个农场主，他一生气，就围着自己的房子跑三圈，之后也就不生气了。他的儿子问他其中有什么奥秘，他向儿子解释说："开始时，我一生气，便会围着我的房子跑，我心里想，我的房子这么小，哪还有时间生气呀？我要把全部精力放到工作中，于是就不生气了。后来，我的房子大了，我心里想，我的房子这么大了，事业也发展得很好，还生什么气呀？也就不生气了。这就是我的秘密所在。"这是一个不生气的生活智慧。人不得志时，没有时间生气；得志时，没有什么可值得生气的。

这也说明了一个道理：小事没必要生气，大事尽量不生气。无论我们遇到多大的风雨，多大的坎坷，出现多么糟糕的状况，都要忍一忍，要让自己冷静下来，调整好自己的心境，这样，我们才能时刻保持积极健康的心态，才能从容应对生活中的悲欢离合。

总之，度量大些，遇事不生气，我们便会慢慢走向成熟。学会忍耐，积极面对生活、事业带给我们的各种严峻考验，我们所期待的胜利曙光，便会在不远处向我们招手。

有些事别着急，心急吃不了热豆腐

一个牧羊人养了两只羊。一天，牧羊人像往常一样把这两只羊放了出去，两只羊渡过浅浅的小溪，到对岸去吃草。但没过多久，突然天降暴雨，河水泛滥，小溪变成了急流。

牧羊人来到岸边，他知道自己的羊该回家了，但他发现此时过河是不可能的。

一只羊在河对岸耐心地吃草，等待河水回落；另一只羊却焦躁不安，并开始抱怨："这水不会落下去了，我的孩子会饿死的，我们留在这里也会被狼吃掉的。"正在吃草的那只羊试图使同伴安静下来，但无济于事，焦急的同伴没有听它的话，一跃跳进了河里。

牧羊人在河对岸看到了这一幕，却无能为力。跳入河里的羊在急流中游了几米，就被河水卷走了。

天黑的时候，河水已经回落了很多。牧羊人小心地过了河，把耐心等待的那只羊抱了回来。

生活中也有很多人，他们像那只跳进河里的羊一样，遇到问题急功近利，不能耐心等待，这样做的结果往往是欲速则不达。我们在做事的时候一定要有耐心，要知道，心急吃不了热豆腐。

师徒二人出远门，途中又累又渴。师父叫徒儿去不远处的小溪中取水。徒儿去后返回来，说："刚刚有车子过河，水很污浊，不能喝。"师父说："你再去。"徒儿无奈，第二次去后又返了回来，说："有人在那儿洗菜，水很脏。"师父命令他再去。当徒儿第三次来到溪边时，发现泥沙不见了，菜叶也消失了，水变得清澈、纯净，于是便舀了一瓢水回来。徒儿终有所悟：原来，要喝到水，需要有足够的耐心。

人一旦没有了耐心，会容易急躁，便无法深入事物的内部去仔细研究和探索事物发展的规律，无法认清事情的本质，差错自然就会增多。生活中常常发生这样的事情：出门时，手中拿着钥匙，却四处找钥匙。这便是由急切慌乱而造成的。人一着急，便会手忙脚乱，对眼皮底下的东西都往往会视而不见。由此可以看出：无论做什么事，都要保持冷静，从容淡定，不要急急忙忙，心慌意乱。要知道，急切慌乱不但解决不了问题，还会把事情弄得一塌糊涂。轻浮、急躁，对什么事都深入不下去，只知其一，不知其二，往往会给工作、事业带来损失。

遇事别冲动，三思而后行最明智

德国著名作家歌德曾说："决定一个人的一生，以及整个命运的，只在一瞬之间。"一瞬间的冲动，往往会毁掉一个人的一生，因此，在遇到事情时，不妨多考虑一下后果，三思而后行，三思后，事情很可能会出现转机。

"三思而后行，谋定而后动"是克服冲动的良药，是古圣先贤留下来的不朽智慧。这句话就是告诫人们：做事要多加考虑，不要凭一时的冲动做决定，以免半途而废或不能贯彻始终，而且，有些错一旦铸成将无法挽回。

一个有着谨慎性格的人，在做事之前，都会冷静地思考。冷静思考可以令人保持清醒的头脑，控制自己的行为，能够使人避免犯错，防止不良后果的出现。

从前，有个人很笨，可是他的运气还不错。在一次下雨的时候，有一堵墙被雨水冲倒了，他居然从倒了的墙里发现了一坛金子，一夜暴富。可是他依然很笨，于是他向一位老人诉苦，希望老人能指点迷津。老人告诉他说："你有钱，别人有智慧，你为什么不用你的钱去买别人的智慧呢？"

于是，这个人来到了城里，见到一个智者，就问道："你能把你的智慧卖给我吗？"智者答道："我的智慧很贵，一句话100两银子。"

这个人说："只要能买到智慧，多少钱我都愿意出。"

于是那个智者对他说："遇到困难不要急着处理，向前走三步，然后再向后退三步，往返三次，你就能得到智慧了。"

"得到智慧这么简单吗？"这个人将信将疑，但是他仍然付给了智者100两银子。

当夜回到家，在昏暗中，他发现妻子居然和别人睡在炕上，顿时怒从心生，拿起菜刀准备将那个人杀掉。突然，他想到白天买来的智慧，于是前进三步，后退三步，反复三次，正走着时，那个与妻同眠者惊醒过来，问道："儿啊，你在干什么呢？深更半夜的！"

这个人听出是自己母亲的声音，心里暗惊："若不是我白天买来了智慧，今天就错杀母亲了！"他不由得更加佩服智慧的力量了。

古人云："凡事三思而后行。"人生如同下棋，每走一步都需要审慎思考和斟酌，否则很可能会一着不慎、满盘皆输。遇到问题，要先了解自己要做什么或认清事情的真相。三思而后言，三思而后行，尤其在采取某个重大行动之前，必须反复告诫自己：千万不要感情用事。人贵有自知之明，太阳不会为任何人而升起，地球也不会为任何人而转动，哪个人都不是必不可少的，都不是时时处处正确的；合理的、适当的、理智的让步，必将有助于矛盾的消除和事情的解决。

齐达内曾是足坛的风云人物，其球技极佳，能传能射。2006年世界杯是齐达内参加的最后一届世界杯，法国队在1/8决赛战胜了势头强劲的西班牙队，在1/4决赛打败了夺冠热门巴西队，在半决赛淘汰了葡萄牙队，其中不乏齐达内的功劳。

2006年7月9日对阵意大利的比赛将是齐达内对球迷最后的告别。全场他的表现都是那么的出众，可就在比赛快结束时，齐达内突然对马特拉奇进行了头击，这一动作，震惊了所有人。人们不明白，这位温文尔雅的老大哥为何会失去理智。

接下来，就是法国队的厄运，没有了齐达内的法国队输了，原本完美的告别仪式以如此方式草草结束。

这成了当时震惊世界的新闻，齐达内的失误也提醒了世人，做任何事都要三思而后行，不论你有多么正当的理由，怒火攻心永远是一种失败的表现，是一种十分消极的情绪。虚火上升，智力下降，举措失当，伤及无辜，亲者痛而仇者快，这是一连串必然的后果。

遇事爱冲动的人，一定要认识到，自己的莽撞行事往往会带来更多、更大的麻烦。著名作家王蒙曾说："在任何处境下都要保持从容理性的风度。心存制约，遇事三思，留有余地，让自己成为有勇有谋的人。"

有的人也许会认为"办事之前仔细考虑"或"投资之前先仔细研究"是一种犹豫不决的表现。试想，如果一个医生在抢救病人时没有事先把病人的病情弄清楚就用药或施刀，结果极有可能使病人的病情恶化或给病人带来更大的不幸。凡事三思而后行，让理性为自己把关，才会把错误与不幸拒之门外。

把"三思而后行"这一原则贯穿在我们的生活和工作之中，作为自己行动的指导，养成冷静的处事风格，这样才能够对事情做出正确判断，从而不犯错误或少犯错误。

转移或宣泄坏情绪，化坏情绪为好情绪

情绪是人们对客观事物是否符合自己需要的态度的体现。不同的态度使人们产生不同的心理体验，从而有了"七情"。有些情绪在一定条件下，可以成为生活的动力，有利于身心健康，有些情绪则会成为损害健康的因素。因此，我们要让那些损害身心健康的坏情绪远离自己。

心理学家认为，使情绪发生变化的原因分外因和内因。外因如学习、工作、生活中遇到的各种愉快或不愉快的事情，但起决定性作用的还是内因，即情绪变化主要取决于本人对事情的认知和所持的态度。同一件事，从不同角度去认知并采取不同的态度，产生的情绪会完全不同。譬如，一个老太太有两个女儿，大女儿卖鞋，小女儿卖伞。下雨时，这个老太太发愁大女儿的鞋卖不掉；天晴时，这个老太太发愁小女儿的伞卖不掉。结果，她每天都在发愁。后来，有人告诉她，她应该这样想：下雨时，小女儿的伞很好卖；而天晴时，大女儿的鞋很好卖。从此，不论下雨还是天晴，这个老太太都很高兴。可见，同一件事，从不同角度看，会有不同的结果。

每个人每天的心情是不一样的，而且很容易受外界因素的影响。好心情有益身心健康，坏心情则要及时消除，否则会影响我们的工作和生活。

在竞争日趋激烈的今天，每个人都面临着不同的挑战，承受着不同的压力，因此，人人都会有心情烦躁的时候。但是，我们在工作中一定要压制心中的烦躁，因为一个情绪化的人是难以与他人融洽地合作的，而这将会直接影响公司的利益。一般情况下，公司领导是不会让容易情绪化的员工担任重要岗位的。

有一个年轻人，工作认真负责，办事干净利落，工作能力也比较强，

上司很欣赏他，打算给他升职。但是，半年过去了，因为没有职位空缺，年轻人不得不留在他原来的职位上。他对这件事非常不满意，连说话腔调都变了，对他人颐指气使，对同事大加训斥，和同事共事时，不断地抬高自己，贬低别人，甚至在公开场合顶撞上司，令上司颜面受损。后来，上司打消了提拔这位年轻人的念头。

这种随意发泄情绪的人，上司是不可能对他委以重任的。这个年轻人正确的做法应该是压制愤怒，把愤怒的情绪巧妙地转化为一种努力上进的动力，以推进自己的事业向前发展。这是聪明人通常的做法。

小倪在公司里的人缘很好，他性情温和，待人和善，从来没有在同事面前发过脾气。有一次，同事小陈经过小倪家顺道去看他，却发现小倪正在楼顶上对着天上飞过的飞机吼叫。于是，小陈好奇地问小倪原因。小倪说："我住在机场附近，每当飞机起落时就会听到巨大的噪声。后来，当我心情不好或是受了委屈、遇到挫折想要发脾气时，我就会跑上楼顶等待飞机飞过，然后对着飞机放声大吼。等飞机飞走了，我的不快、怨气也被飞机一起带走了。"小陈恍然大悟：怪不得小倪脾气这么好，原来他懂得如何适时发泄自己的情绪。

在遇到令人愤怒的事情时，如果我们能够保持从容不迫、泰然处之的态度，看透一时得失，抓住自我优势，把情绪"捏"在手心，便能够顺利地打开解决问题的每一扇门。

在美国加州，有一个大约 4 岁的小女孩，她的父亲有一辆大卡车。父亲非常喜欢那辆卡车，总是为那辆卡车做全套保养，以保持卡车的美观。一天，小女孩拿着硬物在父亲的卡车上划了无数道深痕，父亲盛怒之下用铁丝把小女孩的手绑起来，让她在车库前罚站，然后便去忙别的事了。当父亲想起女儿在车库罚站已经是 4 个小时之后了。父亲飞奔到车库时，小女孩的手已经被铁丝绑得血流不通。当父亲把小女孩送到急诊室时，医生要截去小女孩的手掌，因为手掌已经坏死，不截去很可能会威胁到小女孩的生命。就这样，小女孩失去了她的一双手掌，而她的父亲也因此感到万分愧疚。

坏情绪是魔鬼，容易扰乱人的心智，影响人的判断，使人情绪失控、思维混乱，进而影响人的正常工作和生活。有了坏情绪并不可怕，重要的是要尽快把坏情绪处理掉，把坏情绪变成正常的情绪，甚至是好情绪。

第二章

摆脱浮躁心理，学会沉淀自己

　　浮躁即心浮气躁，是成功、幸福和快乐的绊脚石。浮躁会破坏人的心情，让人变得焦躁不安甚至抓狂。着急上火，解决不了问题；急功近利，会迷失自我。面对快节奏的生活和工作，放慢脚步，不急不躁，我们才能走得轻松而快乐。

消除内心的浮躁，平静自己的心情

"浮躁"一词，《辞海》解释为轻率、急躁。在心理学上，浮躁主要指由内在冲突所引起的焦躁不安的情绪状态或人格特质，心理学已把浮躁归入亚健康之列。

一般来说，存在浮躁心理的人做事无恒心，容易见异思迁，总想投机取巧，时常盲动冒险且脾气暴躁。一个人内心浮躁，便会终日心神不宁，焦躁不安，不能专心致志地工作、学习，做事也是蜻蜓点水、浮光掠影，不踏实，结果到头来一无所获。

著名音乐家傅聪成名前在英国留学，有一段时间他总是感到莫名的烦躁，静不下心来学习。他在国内的父亲傅雷听说后，给他寄去了一封信，信中有这样一句话："要经得住外界花花绿绿的诱惑，要沉下心来，坐得住冷板凳，才能保持心灵的通道畅通无阻，才能让知识直抵内心和脑海。"

一般来说，造成人们浮躁心理的原因是多方面的。

客观原因是日新月异的社会变迁。在这种形势下，不少人的心理都处于矛盾状态，表现出患得患失、心神不安、急功近利，于是出现浮躁的心理。

主观原因是个人之间的攀比。攀比使很多人对自己的生存状态不满意。一方面欲望不断膨胀；另一方面缺乏恒心与务实精神，不能对自己的智力与能力做出准确的定位。

另外，网络虚拟生活及某些流行音乐在无形之中助长了人们的浮躁情绪。

从心理学角度来说，浮躁与艰苦创业、脚踏实地、公平竞争是相对立的。浮躁使人失去对自我的准确定位，使人随波逐流、盲目行动，对个人和集体都极为有害，我们必须想方设法减少或消除这一不健康的心理，让自己的心情平静下来。

1. 树立正确的人生观

要树立正确的人生观，不要盲目拜金，追求享乐。"淡泊以明志，宁静以致远"，命运掌握在自己手里，道路就在自己脚下，既要站得高、看得远，又要稳得住、做得实。

2. 做事脚踏实地

对待人生和事业，既要有长远目标，也要脚踏实地，务实是开拓的基础，也是创新的源泉。人生非一朝一夕，处世应当循序渐进，一步一个脚印，稳步沉着地向前推进。

3. 保持平常心

每个人的成功，都付出了别人难以想象的努力和艰辛。要保持一颗平常心，不要期待"天上掉馅饼"的事会发生在自己身上；要正确地看待别人的缺点和错误，不要凭一时的情绪或偏见对人或事下结论。保持平常心是克服浮躁心理的捷径。

4. 自我暗示

自我暗示是控制情绪的一个简捷而实用的好方法。心情浮躁时，不妨暗示自己：无论面对什么样的处境，都会有一种最好的选择。这样，用理智来控制自己，不让情绪主导自己的行动，我们才能成为一个能够掌控自己的人。

浮躁是一副有色眼镜，别让它蒙蔽了双眼

在这个浮躁喧嚣的世界里，我们的心灵和躯体逐渐分离，各行其是，双眼充满了对宁静生活的向往，而两手却紧抓着欲望不放，被它拖拽着，身不由己地向前疾驰，无暇他顾。凤凰卫视主持人许戈辉有句名言：也许我们走得太快了，以至于把灵魂都落在了后面。

有人曾做过一个实验，让一个孩子从一个长颈瓶里拿豆子。开始时孩子一颗一颗地拿，手恰好能从瓶子里出来。慢慢地，孩子就有些着急了，变得浮躁。他觉得一颗一颗地拿太麻烦了，他想一口气把所有的豆子都拿出来，结果因为抓了太多的豆子，手便无法从瓶子里出来了。

在人生的跑道上奔走，有可能成功，也有可能失败，而浮躁极可能是一个人失败的主要原因。浮躁的人们过着浮躁的生活，好高骛远、急功近利。因为浮躁，人们的眼睛看到的往往只是表面的东西。失败了，有人说是眼睛欺骗了自己，其实欺骗自己的是我们浮躁的心。

有一个数十年如一日踏实工作的老工人，每天当太阳缓缓从东方升起时，他已开始了工作。虽然他的工作很累、很脏，但是他总是笑着面对每个人，用乐观的心态，一步一个脚印地在工作岗位上默默奉献。他说："我可以不伟大，可以不崇高，但在平凡中，我要脚踏实地踏出自己的人生。"一句平凡的话语，出自最朴素的内心感触，却感动着我们，感动着每一个在浮躁中迷失了自己的人。

只有踏踏实实地做自己的事，认认真真地面对眼前的情况，仔细思考，才会看清事实，使我们做出正确的判断，最终成就我们的梦想。

只要我们拥有一颗快乐的心，别让浮躁的有色眼镜蒙蔽了双眼，别让太多的功利给心灵套上沉重的枷锁，就能在快乐中成就自己的事业。

有个老太太家的对面搬来了一个新邻居，那是一个年轻的寡妇。年轻寡妇性格内向，不爱与周围的人交际。老太太很不喜欢她。

每当看到年轻寡妇洗衣服的时候，老太太总是不断地在心里责怪她太懒惰："瞧她晾在院子里的衣服，总是有斑点。我真不明白，一个年轻人，怎么连洗衣服都洗不干净呢？"

有一天，另一个年轻的邻居来到老太太家。听到老太太对年轻寡妇的责怪后，仔细一看才发现，不是对面邻居洗衣服洗不干净，而是老太太家的窗玻璃脏了。年轻人拿了一块抹布，把老太太家窗玻璃上的灰渍擦掉后，说："看，对面那位太太洗的衣服是不是干净了？"

许多时候，我们评价他人时，总是和故事里的老太太一样，受到各种偏见如种族、性别、贫富等的影响，很难客观看待事情。因为内心存有偏见，遇事不多做研究，而是急着下定论，恨不得把不喜欢的人一棍子打死，这种做法实为不明智之举。

有些骗局之所以能够成功，无非就是因为抓住了人们浮躁、急功近利的心理。因此，看待事情先要擦亮自己的眼睛，别让浮躁心理影响了自己的判断。

不要急功近利，耐心等待才能成功

俗话说："欲速则不达。"凡成大事者，都要力戒浮躁心态。只有耐心等待时机，踏踏实实地行动，才可能开创成功的人生局面。浮躁会使人不能按照正确的方针、策略稳步前进，还会使人失去清醒的头脑，变得粗鲁无礼、固执己见，进而使其他人感觉难以与之相处。

因此，任何一个想要成大事的人，都要摒弃自己浮躁的个性，培养冷静沉稳的品质。当一个人有了足够的耐心，才能用冷静的头脑去分析事物，等待时机成熟再行事，从而最终实现自己的目标。

1950 年，丰田汽车公司因破产危机，工业公司和销售公司发生分离，但是随即爆发的朝鲜战争却给丰田带来了喜讯，美军大量的卡车订单使丰田汽车公司起死回生。对于亲身体验了产销分离痛苦的掌管技术部门的董事丰田英二来说，自然希望公司回到以前产销一体的体制。但是事情并非那么简单，工业公司和销售公司分离的体制已经形成，丰田英二深知即使他提出重新合并的建议，在当时也是行不通的。

丰田英二在确定丰田汽车公司未来的发展方向时，并没有着急决断。他在考察各种条件的同时，还衡量了各方面的利益是否均衡。他认为产销一体的条件不成熟，即使勉强行事也是要失败的，他只能耐心地等待。

直到 20 世纪 80 年代初，丰田汽车公司才终于结束了长达 32 年的产销分离，诞生了全新的丰田汽车公司，丰田英二的等待终于有了丰硕的成果。

在处理丰田汽车公司赴美建厂一事上，丰田英二也同样小心思考、着眼长远。在日本汽车厂商中，丰田汽车公司进军美国，是继本田、日产之后的第三家，为此不少人抱怨为时太晚。丰田英二和社长丰田章一郎的回答是："我们在耐心等待，我们的行动并没有落后。"由于采取了谨慎的战略，丰田汽车公司最终顺利地打入了美国汽车市场。

许多成功者，如丰田英二和丰田章一郎，他们与失败者的唯一区别，往往不是更多的努力、更聪明的头脑，而在于他们能够耐心等待。

鲁迅先生曾说："其实地上本没有路，走的人多了，也便成了路。"我们都尊敬第一个吃螃蟹的人，尊敬第一个在荆棘丛中迈步的人，因为他们是勇者。有了第一步，就会有第二步，有了第二步，就会有第三步，这样一直走下去，肯定会步入成功者的行列。急迫地追求短期效益而不顾长远影响，追求眼前小利而不顾全大局的根本利益，这些都是急功近利、无耐心的表现，势必会以失败告终。

古代有个叫养由基的楚国将领，他精通射箭，有百步穿杨的本事，甚至连动物都知道他的本领。一次，两只猴子抱着柱子爬上爬下，玩得很欢。

楚王张弓搭箭要去射它们，猴子一点也不害怕，还对楚王做鬼脸。这时养由基走来，接过楚王手中的弓箭，猴子们便哭叫着抱在一起，害怕得发起抖来。

有个人一直羡慕养由基的箭术，想拜他为师。经过三番五次请求，养由基终于同意收他为徒。练功的时候，养由基交给这个人一根很细的针，叫他放在离自己几尺远的地方，并整天盯着针眼看。看了两三天，这个人有点疑惑，问养由基："我是来学射箭的，您却叫我干这些莫名其妙的事，什么时候教我箭术啊？"养由基说："这就是在学箭术，你继续看吧。"又过了几天，这个人有些不耐烦了，他想：看针眼能成为神射手吗？后来，养由基教这个人练臂力，一天到晚在他手掌上放一块石头，让他伸直手臂。他又想不通了，心想：我只想学老师的箭术，他让我端着石头干什么？最后，这个人离开了养由基，他不但没有学到箭术，还一事无成。

这个人为什么没有学到箭术？是因为他太性急。如果他能脚踏实地，不好高骛远，甘于从一点一滴做起，他的箭术肯定会很精湛。但是他并没有坚持下去，而是抱着急功近利的态度，导致最后一事无成。

事实证明，要想成为一个成功人士，就需要一步一个脚印，脚踏实地，从最基础的事情做起，就像建造高楼一样，只有把地基打扎实了，高楼才会盖得既牢固又高大。

有的人抱怨成功离自己太远，那是他们太急于求成。在现代快节奏的生活压力下，人们干什么事都习惯提醒自己：快点，再快一点。殊不知，盲目求快，欲速则不达，急功近利，不顾自己的实力，最后必将耗尽精力却仍然一事无成。

成功之路需要脚踏实地，任何急功近利的行为都可能造成失败。要知道，没有一蹴而就的成功，火候不到必然要吃夹生饭。

一步一个脚印，踏踏实实做事

浮躁的人，喜欢追求效率和速度，做起事来往往既无准备，也无计划，只凭脑子一热、兴趣一来便动手去做。他们恨不得一日千里，一蹴而就，但结果往往事倍功半，只能与成功背道而驰。所以，在生活、学习、工作中，如果我们想取得长久的成功，就必须静下心来，摆脱速成心理的牵制，看清人生的目标，一步一个脚印地走下去。只有这样，才能到达自己的目的地，走上成功乃至自我实现的道路。

有谁能想到显微镜的发明者竟是荷兰西部一个小镇上的门卫？但这却是事实，他叫列文虎克，为了制造一个能够放大物品的仪器，去观察肉眼看不到的东西，他选择用水晶石磨制镜片。磨一副镜片往往需要几个月的时间，为了不断提高镜片的放大倍数，他一边总结经验，一边不间断地打磨。其他人不愿干这种单调重复的工作，但他并不厌倦，几十年如一日，直到 60 年后，他终于磨出了能放大 300 倍的显微镜片。人们用列文虎克磨出的显微镜片第一次发现了病菌，列文虎克成了举世闻名的发明家，受到了奖励。难以想象，60 年的岁月，持续做一种单调的重复劳动，这需要多么大的韧劲儿啊。

俗话说："欲速则不达。"遇事千万不能性急、盲动，应该步步为营。凭一时的冲动，鲁莽草率行事，必然会事倍功半。

托尼在英国谢菲尔德哈勒姆大学进修工商管理专业期间，是一名优秀的学生。他参与过学校的专业论文评选，他的论文被一些成功人士看好。诺威治公司的总裁亲自点名要他参加该公司一年一度的职位竞选。托尼看完了该公司的简介以及空缺的职位后，决定竞争较为激烈的总裁助理一职。

一路过关斩将，托尼顺利进入决赛，与他竞争的是另外 4 名顶尖对手。

决赛分两步走，第一步是做上任第一天的工作安排。托尼在进修前曾在某行政单位做过管理工作，这一关他轻松胜出。此时，只剩下一名选手与他抗衡。第二步是赛车。接到车钥匙之前，托尼无论如何也想不到第二步考查的内容会是赛车。他的车技不错，很快就超过了那名对手，但不幸的是，由于路上出现了堵车，对手的车跟了上来。为了能尽快甩开对手，托尼看了看目的地的地图，决定掉头回去走另外一条路。结果，当托尼到达目的地时，对手早已到达，他被公司淘汰了。

托尼输得有些不甘心，毕竟一项赛车，与技术、业务不搭边，怎么能依此判断选手的素质呢？托尼向总裁提出了疑问。总裁对他说："你的性格在驾车时已经流露出来，一个人能耐心地等待车道畅通，那么，他在工作中即使遇到危机，也能理性地去解决，自我控制和有原则对于总裁助理这个职位很重要。希望你能明白你失败的原因。"

其实，托尼不是被诺威治公司淘汰了，而是被自己淘汰了。任何一个努力成就大事的人都要遏制住浮躁的心态，只有专心做事，才能达到自己的目标。

有个修行者，脾气非常暴躁，他想把这个坏毛病改掉，可是又觉得强行克制自己的脾气太难受，且见效太慢。于是，他决定花钱盖一座庙宇，为了显示自己改掉急躁脾气的信心和决心，他特意在庙宇大门的横匾上刻上"百忍寺"三个大字。做完这些后，这位修行者便开始向周围人表示，自己已经改掉了急躁的毛病，人们也都相信了他。

有一天，一个过客向修行者询问庙宇大门横匾上刻的是什么字。修行者说："百忍寺。"过客再问一次，修行者口气略有不耐烦，大声说："百——忍——寺。"过客又说："请再说一遍。"修行者终于按捺不住，说了句："百忍寺，笨蛋！"过客笑了，说："你才说三遍就受不了了，建百忍寺又有什么用呢？"

在生活中，我们一定要戒除浮躁，遇事除了要用心努力去做，还应宠辱不惊，这样才更可能获得成功。胜利容易冲昏人的头脑，浮躁容易使人误入歧途。所以，我们一定要戒除浮躁心理，不要让它葬送了我们美好的人生。

只有根扎得深，树才能长得壮

脚踏实地是事业成功的坚实基础。浮躁只能建造空中楼阁，想象得再美，也不能住进去。只有地基打得好，以后盖的楼才牢固。浮风能把招摇的树枝吹断，却不易把扎根于土壤的大树吹折，为什么？因为树干粗壮，树根借助土地的力量，支撑着树干。

一个人在社会中首先要学会如何生存，如果连基本的生活保障都没有，何谈其他追求？做事不要好高骛远，不要自我夸耀，不要贪功透过。而要从根本做起，从小事做起，脚踏实地、一步一步来。

有一个人吃包子，吃了第一个，没饱；又吃了一个，还是没饱；吃了第三个，感觉饱了，于是他感慨地说："早知如此，我何必吃前两个。"多么愚笨的人啊，如果他不吃前两个包子，只吃第三个包子，他永远也不会饱，没有哪一个包子能当三个包子吃。一口吃不成胖子，做事也一样，要脚踏实地，一步一步来，才能有"吃饱"的那一天。

很多刚从学校毕业的年轻人，都设想着一进入工作单位就成为高层，一步登天，恨不得马上成为成功人士。但是，无论是企业，还是机关，几乎所有的单位都无一例外地将新进员工派往基层岗位。

基层岗位是磨炼人的最佳场所。从众多成功人士的履历表上，我们不难看出，很多人都是从基层成长起来的：被称为世界旅店帝王的康拉德·希尔顿，最初只是一个小家庭式酒店的杂役；世界首富比尔·盖茨和华人首富李嘉诚都曾做过销售员……他们曾经从事过的这些工作都是基层工作，甚至是处于社会底层的工作，但是他们都在这些平凡的岗位上创造了自己人生的辉煌。

蜗牛虽爬得慢，但它脚踏实地，心不浮躁，最后它爬上了高枝。愚公虽弱，但他那移山的气概和永不言弃的精神感天动地、山崩石裂。一等二靠三落空，一想二干三成功，为人做事，不迷惑于浮华，不沉溺于喧嚣，脚踏实地，方能成就灿烂的人生。

从一定意义上讲，穷并不可怕，可怕的是丧失努力奋斗的意志。很多人一开始往往豪情满怀，一遇挫折就一蹶不振，这是极不成熟的人生观。我们要学会脚踏实地，要把自己的浮躁统统赶走，这样才能静下心来做事，也才能做成事。

有人说，人生只要能做到两个字便会事业有成，甚至一生无忧，一个字是"实"，另一个字是"虚"。"实"不难理解，指的是做人要实诚，才能要扎实，能够承担你想要做的事情，好比一座房子，真材实料才能坚固长久；"虚"则是指要虚心，要装得下你的梦想，装得下你想要的成就，容得下你需要的人，藏得住你讨厌的一切，这也好比一座房子，空间要大，才装得下你需要的东西。也就是说，思想要天马行空，做人做事要脚踏实地。

一滴水，只要有不移的信念，经历千难万险，最终一定会流入大海，成就远大的梦想。一个人在艰苦的奋斗中，不要磨灭远大的志向，这点很重要，但是，也不能空想。"千里之行，始于足下"，路要从脚下走起，如果你从空中迈步，那只能从天上掉下来。

要想实现自己的理想，就要从小事做起，不断地提高自己的能力，为自己的事业积累雄厚的实力。一步一个脚印地去做，才会给我们的事业打下坚实的基础。

第三章

超越自卑，告诉自己『我能行』

　　自信是人对自身力量的一种确信，即深信自己一定能做成某件事，实现所追求的目标。自信是成功的基石，一分自信，一分成功；十分自信，十分成功。相信自己行，自己就行。相信自己，面包会有的，牛奶会有的，幸福生活也会有的。

人人都曾自卑过，不要因为自卑而自弃

自卑是一种不良的心理品质，是一种消极的心理状态，是实现理想的巨大心理障碍。自卑的人往往是失败的俘虏，严重的自卑可以导致心灵的扭曲，使人走向抑郁。

所以，"自卑"往往被认为是贬义词，其实也不尽然，所谓"知耻而后勇"，有的人通过自卑看到了自己的不足，于是开始积极学习，改变自己，弥补了自身的不足之处，反而有了很大的进步。一个人意识到自身的不足，不是什么坏事，即使有点自卑，但以此作为动力来鞭策自己，反而会成长得更快。

有一个小伙子，从一个北方的小镇里考进了天津的南开大学。上学的第一天，邻桌的女同学第一句话就问他："你从哪里来？"而这个问题正是小伙子最忌讳的，因为在他的逻辑里，出生于小镇就意味着没见过世面。就因为这个女同学的问题，他一个学期都不敢和她说话。很长一段时间，自卑的阴影都占据着他的心灵。每次班级照相，他都要下意识地戴上一副大墨镜，以掩饰自卑之心。如今，他已是某电视台著名节目主持人，经常对着全国几亿观众侃侃而谈，他主持节目给人印象最深的特点就是从容、自信。

他说，他一直很自卑。人有点自卑，才会付出更大的努力，以赢得更大的机会。他还打比方说，如果一个记者采访一个人，这个人让这个记者感到忐忑不安，感到自卑，那么这个记者就一定会去做更多的准备。其实，

每个人都或多或少地有着自卑心理，即使他已经相当成功。比如，一位有着众多荣誉的老教授曾说："跟王国维比，我这点战果又能算得了什么呢?"人总会往前走，总会有一个理想值与期望状态。这就是自卑的积极作用。

有些人起步时迟缓了一些，或走了些弯路，成绩一时不如人，其实，这远不足以决定一个人的一生。这好比一个优秀的长跑运动员，刚起跑时，比别人慢了一些并不要紧，只要他铆足劲儿一直奋力向前跑，很可能会赶上甚至超过前面的人，最终拿到金牌。

即使你有一些自卑，也并不代表你不优秀，只要你积极上进，不断地提高自己，迟早会变得优秀。适度的自卑，会给我们带来一些压力，督促我们更加卖力地向前跑。这是非常有意义的。

对很多人来说，自卑是一个过程，一个让人认识到自己的不足，希望提高、改变自己的过程。它是与自负抗衡的旗手，是我们不断前进的动力，所以，千万不要因为自卑而自弃。

人生因自信而辉煌，成功也会不请自来

D. 杜根是美国橄榄球联合会前主席，他曾经提出这样一种观点："强者未必是胜利者，而胜利迟早都属于有信心的人。"换句话说，如果你认为你能得到最好的，你最后得到的常常也就是最好的。这就是心理学上的"杜根定律"。

人的心理状态非常复杂，心理暗示的影响力非常大。在生活和工作中，有的人总喜欢说："我哪有这个能力啊!"说这类话就是一种典型的缺乏信心的表现。从心理学角度来说，这是一种自我暗示，在潜意识中提醒自己不能胜任这份工作，这种意识会阻碍人们前进的脚步。反之，如果一个人

时时告诉自己"没有问题，我可以做这件事"，那么就会加大他成功的机会。

通用电气公司原总裁杰克·韦尔奇，有"世界第一CEO"的美称。他认为，人们经历的一切都会成为建立自信心的基石。韦尔奇的中学毕业成绩可以确保他进入美国任何一所大学，可是因为各种原因，他最后只进入了麻省大学。起初，他感到很沮丧，可是进入大学以后，他原来的想法就改变了，他感到很庆幸。韦尔奇说："要是当时我选择了麻省理工学院，那么，我就会被往日的伙伴打压，也许永无出头之日。但是，在这所较小的州立大学里，我获得了更多的自信。我坚信我所经历的一切都会成为我日后成功的基石。"当时，威廉是韦尔奇的班主任，他看出了韦尔奇成功初期的征兆："他的那双眼睛总是非常亮，他痛恨失败，就算在足球比赛中也不例外。"

1981年，韦尔奇成为通用电气公司历史上最年轻的CEO。在他的带领下，公司的市值由过去的120亿美元上涨到4000多亿美元，并使得通用电气公司一直被公认为管理最优秀与最受推崇的企业，"自信"也成了通用电气公司的核心价值观。韦尔奇曾说："一切管理都是围绕'自信'展开的。"

很多事情之所以人们不敢去做，并不是因为事情有多难，而是因为人们缺乏信心。其实，只要想做，并相信自己能做成功，那么，事情基本上都能做成。对那些"你不会成功""你生来就不是成功的料"之类的闲言碎语，你完全可以置之不理，而是用行动来证明自己的能力。

世界著名的交响乐指挥家小泽征尔就是一个自信的人。在一次世界优秀指挥家大赛决赛中，小泽征尔按照评委会给的乐谱指挥演奏，他发觉总是有一些不和谐的声音。开始他以为是乐队演奏出了问题，于是停下来重新演奏，但仍然感觉不对劲。于是，他向评委会提出乐谱有问题，而在场的作曲家和评委会的权威人士坚持说乐谱绝对没有问题。面对一大批音乐大师和权威人士，小泽征尔思考再三，最后斩钉截铁地大声说："不！一定是乐谱错了!"话音刚落，评委席上的评委们立即站起来，报以热烈的掌声，祝贺他在大赛中夺魁。

原来，这是评委们精心设计的"圈套"，希望通过这个方法检验指挥家在发现乐谱有错误并遭到权威人士"否定"的情况下，是否依然充满自信，是否能够始终坚持自己的主张。虽然前两位参加决赛的指挥家也发现了错误，但他们终因缺乏自信，不敢质疑权威们的意见而被淘汰。小泽征尔却因自信摘取了世界优秀指挥家大赛的桂冠。

信心和能力通常是齐头并进的，小泽征尔的自信让他的能力得到了认可和提升，而他的能力与才华又使其自信心增强。自信是成功的前提，只有充满自信才有成功的可能，如果遇到困难时丧失了自信，不敢坚持自己的信念，最终只能被困难吓倒。

世界顶级运动员之所以优秀，无一不是因为具备了坚定的自信心与良好的心理素质。大赛当前，考验的往往是人的心理素质，竞技场上的选手在技术上相差无几，起决定性作用的是运动员微妙而多变的心理状态。

常言道，"人外有人，山外有山"，在实际生活中，你不可能总是最强的，可如果你因此而失去了信心，那你也就失去了努力的动力。在奋斗的过程中，你要时刻握住自信这根魔棒，勇敢地告诉自己："我一定能行，我可以坚持到底，我根本不比他人差。"这样，你的人生就会因自信而辉煌，成功也会不请自来。

只有告诉自己"我能行"，你才能真的行

很多时候，我们之所以失败，不是因为能力不够，而是因为我们低估了自己的能力。

有个女孩生性胆怯，因为她有些口吃，虽然并不严重，但她长期生活

在自卑的阴影中，脑海里时时浮现老师轻蔑的眼神和自己在课堂上的尴尬场面，耳畔时时响起同学的嘲笑声，长此以往，她的缺陷越发明显。其实，她的声音很好听，她的理想是当广播员或演讲家。但每次当她站在演讲台上面对台下观众时，总是会控制不住自己，导致说话结结巴巴。因此，她错过了很多机会，她感到很痛苦。

后来，在朋友的引荐下，女孩去拜访一位成功的长者。她把内心的苦恼倾诉给那位长者，然后恳求道："您在我遇见的人中是最有才智的，您可以给我指条成功的路吗？"长者微笑着说道："对自己说，我能行。"

女孩犹豫了一下，缓缓开口说："我能行。"长者说："再用心说一遍。"女孩顿了顿，大声说道："我能行！"长者说："再来一遍。"突然，女孩用力大喊道："我能行！"

此后，女孩终于克服了内心的障碍，在学校的演讲比赛中屡屡获奖，学习成绩也扶摇直上，最终如愿以偿地考取了某广播学院，实现了自己的理想。

在漫漫人生征途中，我们免不了要经历风霜雨雪，走过崎岖的小路，或遇到天灾人祸。这时，我们必须战胜自己，相信这一切都难不倒我们，对横亘在我们面前的所有障碍，我们都能轻轻地拂去，如同掸掉一网蛛丝一般。

要想让别人肯定你，你首先需要自己肯定自己，不要轻易否定自己的能力，不要为自己的心灵设限，要时常告诉自己"我能行"。

其实，成功者与失败者只有一个重要差别，那就是毅力。了解了这一点，我们就不应该自卑，不应该仰视那些成功者，他们也失败过、沮丧过、自卑过。他们和我们一样，一生下来就被赋予同等的机遇、同等的成功的权利。不同的是，他们比我们更自信。当遇到困难时，我们每个人都应用这样一句话来激励自己："我与那些成功者有同样的条件，他们能行，我也能行！"

以下是一些成功人士的经验之谈，按照他们说的去做，对培养自信心会有所帮助。

★面临挫折时，坚持下去，加倍努力，加快前进的步伐。

★顶住各方面的压力，坚持自己的立场。

★不要企图一下子解决所有的问题，要挑一件力所能及的事，先干这一件。

★客观地估计自己面临的危机，认真评估每一个问题存在的风险。

★不要畏缩，要使出全部的力气来，不要担心把精力耗尽。

★把自己的懊悔和恐惧告诉别人，给别人以安慰你的机会。

★保持头脑清醒，睁大眼睛去寻找那些在危机或困境中可能存在的机会。

★在你每天的用词中，用"能够"代替"不能"。

★在心中不断重复"我想要""我能"并养成习惯。增加简单的、新鲜的、正面的自我暗示词汇。

为自己鼓掌，做自己最好的欣赏者

鼓掌，一个简单而平凡的动作，却蕴含着人类极高的情感。舞台的灯光闪亮，一段优美的舞姿，一首荡气回肠的歌曲，会让我们的掌声经久不息，我们用掌声来表达对美的赞赏。当一场激动人心的报告给我们带来心灵震撼的时候，当我们内心感到愉悦需要表达情感的时候，我们也会毫不犹豫地用鼓掌来表达心中的情感。可又有谁为自己鼓过掌呢？或许我们有过失败，或许我们对自己比较苛刻，可事实上，我们很少甚至没有为自己鼓过掌。

生活在充满竞争的社会群体中，每个人都希望自己能演绎出不平凡的人生，取得辉煌的成就，赢得别人的赞许和掌声。但并不是每个人都能登上灯光闪烁的舞台，有些人就此嗟叹自己的平庸与渺小，其实大可不必。因为鲜花和掌声虽然能肯定某些人的成就，但却无法否定多数人的价值。只要我们积极进取，努力实现自我价值，我们也会放射出生命的光彩，我们完全可以骄傲地为自己鼓掌。

当你置身"山重水复疑无路"的困境中，你要为自己鼓掌来增加力量，增加胜利的自信，增加成功的希望。

如果人的一生所获得的仅仅是别人的掌声，那是远远不够的。我们每个人都要学会自己激励自己。当我们取得成绩，哪怕是很小的成绩时，我们也要为自己鼓掌。

在一次马拉松比赛中，一位名不见经传的选手战胜了一众曾在国际大赛中取得好成绩的选手，夺得了冠军。

赛后，记者采访了这位选手："你是用什么方法战胜那些世界名将的呢？"

"喝彩，为自己喝彩！"这位选手平静地说。

"你能谈得更具体一些吗？"记者接着问道。

"当然可以。"这位选手说，"很多人认为我之所以能战胜这些世界名将，是因为他们在比赛的过程中产生了轻敌的思想，我才钻了空子。其实，这只是表面现象，我之所以能拿到冠军，最主要的原因是一路上我不断地为自己喝彩。每当我前进一米，我就在心中对自己说'你真行'或是'你真了不起'，就这样，一路上我不停地为自己喝彩，整个赛程就在不知不觉中跑完了。"

为自己不断地喝彩在无形中给自己注入了一股前进的力量，凭借着这股力量，这位选手收获了成功。

美国有这样一位作家，他靠为报社写稿赚取稿费来维持生活。他给自己制订了一个激励计划：以每周完成两万字为目标，达到了这一目标，就请自己到餐馆饱餐一顿；超过了这一目标，就去海滨度周末。于是，到了周末，在海滨的沙滩上，人们常常可以见到这位自得其乐的作家的身影。

这位作家被自己激励着，同时也强化了自己的信念和信心。

人生多磨难，生活的理想是为了过上理想的生活，我们应该不断地为自己鼓掌。懂得为自己鼓掌，人生之路才会越走越宽广，越走越坦荡。为自己鼓掌，不含半点矜持与矫饰，也绝不是自我陶醉，而是一种超脱而又豁达的人生境界。为自己鼓掌，不要在意别人的目光，记住：你就是自己生命中最好的欣赏者。

你要相信自己，自己才是最可靠的

卡莱尔曾经说过："智者一切求自己，愚者一切求他人。"成功的美谈背后大都包含着一个不变的真理："靠天靠地，不如靠自己！"这是一个不变的生存原则，相信自己，依靠自己。

靠自己就要相信自己，如果从心里就不相信自己能把一件事办好，那么你一定办不好这件事。有些失败就是自己内心的否定造成的。

一个来自穷乡僻壤的年轻人，凭着自己出众的书法，当上了奥尔良公爵府上的书写员。但这个年轻人不甘心一辈子当个小小的书写员，他相信自己是干大事业的人。于是，他不仅勤奋写作，还潜心研究各门学问，广泛涉猎文学作品，他还常常把写好的东西朗读给别人听。

然而，年轻人的举动惹怒了他的顶头上司——奥尔良公爵府总管布罗瓦男爵。男爵怒容满面地召见了这个不知天高地厚的年轻人，并斥问："是继续当书写员，还是搞文学创作？"年轻人说："两者都干。"无情的布罗瓦男爵停发了年轻人的薪水。

但年轻人更勤奋了，不久他写出了自己的成名作《亨利第三和他的宫廷》，这个剧本破例被法兰西大剧院接受了，一公演，就轰动了整个法国。剧目公演的第二天，这个年轻人接到了布罗瓦男爵对他的革职通知。

这个年轻人没有气馁，而是再一次坚信自己有能力成为一名作家，自己走的路是正确的。最后，这个年轻人终于成了蜚声法国文坛的大作家，他就是大仲马。

大仲马之所以成功，是因为他一直相信自己，相信自己有超常的能力，相信自己选择的道路。他把来自各方面的压力当作动力，不退反进，并把握住机遇，最终使自己的人生发生了非凡的转折。

人一定要相信自己，并依靠自己。不管你是谁，不论你现在有什么东西可以依靠，但是最终你还是要靠自己。

假如，在一个漆黑的夜晚，你需要独自一个人穿越一片黑暗。四周除了夏虫的低鸣外，你什么声音都听不到，什么人也看不见，怎么办？是前进还是后退？可怕的黑暗不容你选择，如果后退，你永远也走不出这片黑暗，也不能到达所要去的目的地。因为黑暗只为你准备了前进的路，只有前进才可能看见希望。不要指望会出现一个人来为你壮胆，你只有依靠自己的信念才能走出这片可怕的黑暗。"等是窟窿，走是灯笼"，如果因为没有别人的帮助，你便在黑暗中徘徊、等待，那么你将坠入黑暗的深渊，永远也别想爬上来。只有走，勇敢地向前走，你才会走出黑暗，重见光明。

其实，取得成功，并没有想象中的那么困难，困难就好比是一扇脆弱的玻璃门，你不去碰它，永远也不会知道它的脆弱。要学着自己去面对所有困难，没有人会是你永远的依靠，如果有，那个人就是你自己。人生之路只能自己走下去，没有人可以替你走。

如果有人帮了你，你应该感谢他，因为没有谁必须帮你，他没有这个责任，更没有这个义务；如果没有人帮你，不要叹息，你一旦放弃求助于他人的念头，就更要相信自己会变得自立自强，人一旦明白只能依靠自己，就会变得坚强，并且会越来越坚强。

第四章

压力无处不在，世上不存在没有压力的人。适度的压力可以变成动力，让人变得积极上进，但过度的压力却如千斤大石，会压倒一个人。不要向自己强加压力，看淡功与名，化压力于无形，才能活得轻松快乐。

学会管理压力，才能活得更轻松

可以辛勤工作，但不要成为工作狂

李紫涵是某咨询公司员工，她说："我们公司人手比较少，公司又处于高速发展时期，领导比较器重我，让我做的事情比较多。因为我比较喜欢具有挑战性的工作，上进心又强，所以工作起来特别投入，往往废寝忘食也要把工作做好。"李紫涵从小就样样拔尖，做什么事都想做到最好，她对事情远比对人更感兴趣。身边的同事、朋友都说李紫涵是个工作狂。

在我们周围，的确存在着一群像李紫涵这样的人，他们每天工作超过10个小时，脑子里从来没有周末、节假日的概念；他们基本上也不会有上下班的界线，家只是一个有床的办公地点，而办公室则随时可以成为他们加班时躺倒睡觉的"家"；偶尔陪家人、朋友逛街散心，他们也多半是人在心不在，脑子里念念不忘的还是工作……对于工作，他们可以说是已经到了一种痴迷状态，一旦离开了工作，就会精神不振……这些人属于典型的工作狂。

属于工作狂的人勤奋、刻苦，上进心强，工作起来不知疲倦，而且往往对自己的期望值很高，急于表现自己的才华和能力。他们会常常处于失控状态，强迫自己事事做到完美，一旦出现问题或差错便会羞愧难当，甚至焦虑万分，却又将他人的援助拒之门外。他们经常在下班后还加班加点，甚至把工作带到家庭生活中。

曾有人做过一项关于工作压力的调查，结果为：86.6%的员工，每天感觉工作忙碌而紧张；71.2%的员工，下班后感觉疲惫不堪。从科学角度来讲，一般人正常的工作时间应为每天 8~10 个小时，如果长期每天工作 12 个小时以上，就会对人体产生压力。在现代生活中，来自事业的压力对人的危害是最大的，长期超负荷的工作会给人的身心造成很大的危害。当不堪忍受这种超负荷的精神压力时，人们便很容易患上轻度抑郁症、高血压、缺血性心脏病等一系列疾病。

超常工作对人体的危害如此之大，于是，心理学家和健康专家给那些超常投入工作的工作狂提出了以下几点建议。

1. 学会放慢自己的节奏

研究表明，一个人处于高度紧张状态，长期超负荷地劳心劳力，会导致机体内分泌失调、免疫功能下降，极容易"压"出各种疾病，使寿命缩短。而"新懒人主义"则主张忙里偷闲、闹中取静，主张放慢工作与生活节奏，让精神与心理放松。如将各种不必要的应酬免了；在工作时抽空伸个懒腰、打个哈欠，或站起来走动走动、喝上几口水；起床后、睡觉前在家中阳台上活动活动，饭后悠闲地散散步；上班与下班时提前下车走一两站路；等等。不要每天都把工作排得满满的，更不要每天都像冲锋打仗一样拼命。

2. 平衡好事业与家庭的关系

工作狂往往具有很强的事业心和责任感，所以要降低对自己的要求和期望值，不要把工作视为人生价值的唯一体现，要注意平衡事业与家庭。

3. 要有意识地减轻工作压力

不妨列一份工作日程表，先将自己手头的所有工作项目和工作时间一一写明，然后考虑哪些可以完全放弃，或至少暂时放弃，哪些可交由他人或与他人合作完成，最终列出新的工作日程表。

4. 要注意劳逸结合

要培养一些与工作无关的爱好。可以在工作 8 小时之外给自己安排一些有益的活动。如能接受心理医生的科学治疗，情况会更好。

5. 不要把工作带回家

家是休息放松的地方，不要把工作带回家。在家中生活要随意自由些，衣服鞋子可以穿得随便些，可以听听音乐，看看电视，可以经常与家人一起喝喝茶。家中不管老少，可以开开玩笑，享受天伦之乐。假期时，全家可以外出游玩。

工作是永远做不完的，工作虽然重要，但是生活和健康更重要。

让生活节奏慢下来，等待灵魂赶上来

世界卫生组织的调查结果显示，全球每年有 190 万人因劳累猝死。大工业时代延续至今的"快文化"，使全世界每百人中就有 40 人患上"时间疾病"。

某公司的一位年仅 30 多岁的中层干部在家中突然去世，经法医鉴定为猝死。了解内情者称，其因连续加班熬夜，导致过度疲劳而死。在该公司，基本上每个人都需要加班，公司还专门买了折叠床放在办公室，这位中层干部最多的一次曾连续加班 5 个通宵。

"时间就是金钱，效率就是生命"是很多打工人的守则，每天疲于奔命成了这些人的共同感受。随着经济发展和竞争压力增大，人们的生存状态也越来越缝隙化和拥挤化，很多人为了工作不得不放弃节假日，为了创造出更多的利润不得不将脚步迈得飞快。我们恨不得同时完成好几件事情，很多时候我们一边接电话一边写邮件、看文件，觉得这样利用时间才是充实的，却从未想过什么才是真正的充实。

印第安人行走的速度很快，但是他们快速行走一段距离后会停下来。过路的人问："你们还在等什么？再不赶路，天黑之前就赶不回去了。"印第安人回答说："我们就是为了欣赏夕阳，我们慢下来，是在等待我们的灵魂赶上来！"

人生的长度有限，人生的宽度也有限，如果只是一味追求结果和速度，那么，生命实在是太可悲了。约翰·列侬曾说："当我们正在为生活疲于奔命的时候，生活已经离我们而去。"都市的浮躁正在吞噬现代人的时间，忙碌成为现代人忽视爱情、漠视亲情、摧残身体的合理借口。当人人都急着赶着向前跑，为了充分利用时间做好一切事情时，这种极致的快速换来的却是精神的麻木和迟钝。此时，慢半拍的人反而真正享受到了生活。

德国著名时间研究专家塞维特在评价"慢生活"时说："与其说这是一场运动，不如说是人们对现代生活的反思。"这句话的本质说的是对健康、对生活的珍视。

首先，快节奏的生活影响的是人的心理健康。根据世界卫生组织的调研，抑郁症已经超越心血管疾病成为仅次于肿瘤的世界第二大疾病，并且发病年龄在不断下降。抑郁症的最主要原因正是患者长期生活在紧张的状态中，生活不规律且节奏太快，没有人可以倾诉烦恼。一旦慢下来，人便会有更多的时间品味生活、丰富阅历，从而达到减压的目的。

其次，快节奏的生活还会影响生理健康。心理学家瓦格纳林克指出，压力会导致人体产生大量的肾上腺素和肾上腺皮质激素。它们通过动脉传遍全身，使感官、神经系统、免疫系统、肌肉等都出现紧张反应。时间一长，人就会出现失眠、健忘、噩梦频繁、焦虑、失误增多等现象。医学专家指出，生活节奏慢下来，带来的是压力的降低、神经和内分泌系统的恢复，同时还能提高工作效率。

当我们在人生道路上艰难跋涉时，我们是否可以偶尔放慢匆匆赶路的脚步？是否可以停下来看看沿途的风景？我们曾经摇着扇子坐在院子中听邻居大姐姐讲故事，曾经整个晚上在闲话中度过。如今为什么不能花60分钟去慢慢地散一会儿步，花两个小时去音乐厅静静地听一场殿堂级的新年音乐会，花两个小时慢慢享受一顿美食，花15天住在一个地方慢慢看风景，或者只是把手机关闭3个小时呢？我们是否可以用温柔的心去关心一下那个最爱我们却总是被我们忽略的人呢?

高效率、高品质的生活是我们每个人的追求,但只一味地追求效率而忽视健康,进而导致过度疲劳是得不偿失的。有时,我们必须停下来休整一下自己,这时也许你得到的不仅是一个精力充沛的身体,还会收获一份好心情。而且,慢下来,是为了更好地前行。

适时地放下压力,让心灵自由呼吸

现在的人们,为了让生活质量更高一些,无时无刻不在面对各种有形无形的压力:上学压力、就业压力、工作压力、人际压力、家庭压力、住房压力、养老压力……其中任何一种压力,都足以让人疲惫。但这些压力却都是我们不可避免的。

据世界卫生组织统计,压力已经成为人类健康的第一大杀手。竞争激烈、生活琐事烦心,都会导致情绪恶化,身体状况也随之变得糟糕,影响正常的工作和生活,并形成恶性循环。

20世纪50年代,美国的两名心脏科医师注意到他们候诊室的心脏病病人似乎比其他病人紧张,于是开始了一连串研究。他们曾经研究了一群会计师,发现越接近所得税申报截止日,会计师血液中胆固醇的浓度越往上升。一两个月后,才能恢复正常。后来,这两名心脏科医师又追踪了3500名男性8年半的时间,发现有时间紧迫感、怀有敌意与高度竞争心的人罹患冠状动脉性心脏病的概率是一般人的7倍,突发心脏病的可能性是一般人的2倍。

压力不仅会诱发心脏病,还会降低人的免疫力和记忆力。有研究证实,生活在慢性压力(如和同事或家人的冲突)中的人,感冒的概率是常人的3~4倍。看来,适度缓解压力已经是现代人迫在眉睫的事情。

一个老师拿起一杯水问学生："这杯水有多重？"学生们有的说200克，有的说500克。老师说："这杯水的重量并不重要，重要的是你们能拿多久。拿一分钟，你们一定觉得没有问题，但拿一个小时，你们可能就会觉得手酸，如果拿一天呢？"

其实，这杯水的重量没有变，但是拿得越久，就会觉得它越沉重。这就像我们承受的压力一样。压力本身并不是坏事，适度的压力能使我们的情绪处于兴奋状态，思维变得敏锐，反应速度变快，能让我们更好地发挥自己的潜能。但如果我们一直把压力放在身上，就像我们一直举着水杯，到最后便会觉得压力越来越沉重甚至无法承担。放下这杯水休息一下再拿起它，我们便可以拿得更久。

一个留学生刚到美国时，一边上学一边在餐馆打工，每天晚上都要工作到很晚，回到家往床上一躺，实在是太累了，他什么都不想做。每当他一下子倒在床上时，都会情不自禁地长叹一口气，这让他回想起了把自己带大的爷爷。小时候，他和爷爷睡在一张床上，每天晚上他都会听到爷爷长长地叹一口气，听起来很泄气的样子，好像在抱怨什么。那时他不能理解，也很不喜欢爷爷的这声叹息。现在他才理解了这一声叹息不是泄气，不是抱怨，而是让自己从白天繁忙的工作中解脱出来，把自己身上所有的压力放下来。他觉得这一声叹息很奇妙，当他叹一口气，他会觉得心里舒服极了，然后便可以睡上一个好觉，也为天亮后的继续打拼养足了精神。

有烦恼、有压力很正常，也并不可怕，重要的是要学会放下。叹气实际上是一种释放压力的方法，有利于肌肉群的放松，有助于使人镇静下来。人为什么会在心情不好的时候喜欢唉声叹气？道理就在于此。

除了叹气之外，读书、运动、睡觉、旅游、聊天、下棋、做按摩、适量饮酒等，都是放下压力简单易行的方法。

压力是一把"双刃剑"，它可以让人奋起，也可以让人却步；可以让奋进者成就事业，也可以让畏难者一事无成。适时放下压力，休养生息，当再拿起它时，我们就会发现，它正在变成前进的动力。

我们每天都要经历很多开心的、不开心的事情，它们都会在我们心里安家落户。心里的事情一多，就会变得杂乱无序，然后心也跟着乱起来。我们心灵的房间，不打扫就会落满灰尘。落满灰尘的心，会变得迷茫，让我们不能呼吸；扫去灰尘，能使黯然的心变得明亮，能使我们自由地呼吸，能使我们告别烦乱，这样，快乐也就有了更多、更大的空间。

调整好自己的心态，生活才会轻松起来

人的生活越简单就越幸福，这个道理并不是人人都懂。人们在现实生活中，如果随波逐流，只去追求物质上的享受，就要经常面对各种生活压力与精神压力。长期下去，这样的精神负担将会使人苦不堪言。而要想达到一个轻松自在的思想境界，就必须懂得调整自己的心态。

首先，看待问题不要太悲观和消极。每件事都有好与坏，得到的结果不一定都是最坏的。对事情尽力了也就不要对自己太苛刻了，能挽回的就尽力挽回，不能弥补的就学着接受。

有两个观光团到日本伊豆半岛旅游，一路上路况很差，到处都是坑洞。其中一个导游连声道歉，说路面简直像麻子一样；另一个导游却诗意盎然地对游客说："诸位先生、女士，我们现在走的这条道路，正是赫赫有名的伊豆迷人的酒窝大道。"同样的情况，不同的思想会产生不同的感受。思想是何等奇妙的事，如何去想，决定权在我们自己手中。

我们会遇到很多棘手的事情，这就需要我们积极应对，学会接受。生活和工作中有太多的无可奈何，我们不知道别人的想法，但我们可以努力克服自己的消极想法，乐观接受一切不平等，接受生活中一切的不如意。

此外，我们要相信自己。人的潜能是巨大的，我们能做的比我们想到的要多得多。因此，在自我发展方面，有这样一个观点："你想什么，什么就是你的。"我们每天要适当地鼓励自己，夸奖自己。

理查·派迪是最伟大的赛车选手之一，当他第一次赛完车回来，向母亲报告结果时，那情景对他后来的成功有很大的影响。"妈妈！"他冲进家门，"有35辆车参加比赛，我跑了第二。""你输了！"他母亲回答道。"但是，妈妈！"他抗议道，"您不认为我第一次就跑了个第二是很好的成绩吗？""理查！"母亲严厉道，"你用不着跑在别人后面！"

接下来的20年中，理查·派迪一直称霸赛车界。他的多项纪录到今天还保持着，没有被打破。由此看来，能正确地激励自己、对自己充满信心的人，往往能获得成功的青睐。我们应该相信自己、鼓励自己，不要在乎别人的评价，做好自己，做最真实的自己。

另外，无论做什么事情，我们都要有清晰的规划。我们要知道自己的整体目标是什么，分几步走，每一步应该怎么走，要花多长时间走。只有我们的世界是清晰的，我们的心才会有着落。一个人如果什么计划都没有，乱糟糟地生活，不知道自己要走的方向，他很快便会迷失自己。

例如打牌，拿到一副牌，应首先看牌面，想想自己想打成什么局面，然后根据手中的牌和对手出牌的情况向目标靠近。这样，才有胜出的可能。看到牌后，不知道自己手中的牌怎么打，而是跟着别人胡乱出牌，那么输牌的可能性会很大。人生和打牌一样，一步错，步步错，只有端正自己的态度，有自己的想法，并朝着自己的目标努力，才有机会赢得人生。

此外，我们在行事的过程中不能太执着于输赢。许多事情，用心去做就可以了，不要太在乎结果。凡事要看轻点、看淡点，心胸要豁达些、大度些。我们要明白，世上没有流不出的水和搬不动的山，更没有钻不出的窟窿和结不成的缘。当我们能够拥有这样的心态时，生活自然会变得轻松自在。

宣泄压力：该哭就哭，该笑就笑

我们常用"喜怒不形于色"来形容心智成熟的人，即一个人无论高兴还是恼怒都不会表现在脸上，感情不外露，能够把控自己的情绪，则这个人沉着而有涵养。然而在生活中，谁都会产生这样或那样的不良情绪，对于较小的压力，善于控制和调节情绪的人能够及时消解它、克服它，从而最大限度地减轻不良情绪的刺激和伤害。对于比较大的压力，人们则显得束手无策，又碍于"喜怒不形于色"的涵养标准，只好强行压抑情绪的外露，殊不知，这只会给人们的生理健康带来危害。

情绪中的声调、表情、动作的变化，泪液的分泌等，都可以被意志所控制。心脏活动，血管、汗腺的变化，肠、胃、平滑肌的收缩等也会随着情绪而变化。那些表面上看来似乎控制住了情绪的人，实际上却使情绪更多地转入体内，给体内器官带来损害。所以，不良情绪如果已经产生，就应当通过适当的途径排遣和发泄出来，千万不要闷在心里，否则不仅会加重不良情绪的困扰，还会导致某些身心疾病。可见，"喜怒不形于色"实在算不上什么好标准。所以，我们要该哭就哭，该笑就大声笑。

但很多人却有一种根深蒂固的观念：哭泣是软弱的表现。尤其对男人更有着"男儿有泪不轻弹"的思想禁锢。因此，许多男人长期压抑了哭泣的本能，他们坚强面对痛苦和悲伤啃噬身体的同时，也拒绝了哭泣这种健康的减压模式。

哭是人类的一种本能，是人的不愉快情绪的外在流露。短时间内的痛哭是释放不良情绪的最好办法，是心理保健的有效措施。有专家研究认为，人在哭泣时，眼泪可以使人在紧张、痛苦、悲哀时所产生的有害毒素排出体外，起到缓解心理紧张产生的痛楚的作用。如果人在该哭的时候不哭，强行把眼泪往肚子里咽，不让眼泪流出来，必然会承受巨大的心理压力，产生忧郁、苦闷、压抑、悲伤等消极情绪。心理学家曾给一些成年人测量血压，然后按正常血压和高血压分成两组，分别询问他们是否哭泣过，结果四分之三的血压正常的人都说他们偶尔有过哭泣，而那些高血压患者则大多数从不流泪。心理学家由此认为，哭能缓解压力，让人类的情感释放出来要比深深埋在心里有益得多。

谁说哭泣只是软弱的表现？想哭而强忍着不哭，很容易导致抑郁症。因此，当坏情绪来袭时，就让那些坏情绪随着眼泪一起释放出去吧。婴儿用哭泣来促进肺的成长，女人也因为比男人更擅哭泣而较男人长寿。该哭就痛痛快快地哭出来，这样更有利于身心健康。

该笑时也要大声笑出来，欢心快乐的事为什么不能放声大笑呢？自己心里有了高兴的事儿，笑出来怕什么？愉快的心情可以影响身体内分泌的变化，使肾上腺素分泌增加，使新陈代谢旺盛。

有这样一个故事：上帝对一个人说，可以满足他任意三个要求，条件是他无法再和别人进行交流。这个人选择了金钱财富、美丽伴侣、健康长寿。一开始他非常开心，毕竟他实现了很多人一生也无法企及的梦想。然而不到一年，他就去找上帝了。他说："我宁愿舍弃这三个选择，做个凡夫俗子。有快乐却不能表达，不能与别人分享，这样的日子快让我疯掉了。"

可见，无论是伤心还是快乐，都需要有合适的途径来释放。眼泪和笑声是我们用来保持轻松健康生活的本能。该哭的时候痛哭一场，该笑的时候放声大笑，压力才会得到缓解，心情才会舒畅。

第五章

挫折并不可怕，可怕的是一挫就折

　　每个人的人生道路上都有很多绊脚石——挫折，谁都绕不开。这些绊脚石将人推向两种不同的结局：一种人失败了，因为他们被绊脚石绊倒后，就再也不愿起来了；另一种人成功了，因为他们被绊倒后，总能再次爬起来，然后把绊脚石当成垫脚石，从而走向成功。

挫折不算什么，只要你勇敢地前行

　　人生道路上，挫折常常缠绕着我们。在意志薄弱者面前，挫折犹如一道万丈深渊，会使他们一蹶不振；在意志坚强者面前，挫折则会化为动力，使他们走向成功的彼岸。

　　下面是一个人一生的简历。

　　1818 年，母亲去世。

　　1831 年，经商失败。

　　1832 年，竞选州议员落选。同年，工作丢了。想就读法学院，但未获入学资格。

　　1833 年，向朋友借钱经商。同年年底，再次破产。接下来，花了 16 年时间才把债还清。

　　1834 年，再次竞选州议员，这次成功了。

　　1835 年，订婚后即将结婚时，未婚妻突然离世。

　　1836 年，精神完全崩溃，卧病在床 6 个月。

　　1838 年，争取成为州议员的发言人，没有成功。

　　1840 年，争取成为选举人，落选。

　　1843 年，参加国会大选，又落选。

　　1846 年，再次参加国会大选，这次当选了。前往华盛顿特区，表现可圈可点。

　　1848 年，寻求国会议员连任，失败。

1849 年，想在自己州内担任土地局长的职位，遭到拒绝。

1854 年，竞选美国参议员，落选。

1856 年，在共和党内争取副总统的提名，得票不足 100 张。

1860 年，当选美国总统，成为美国历史上最伟大的总统之一。

这个人就是亚伯拉罕·林肯。生下来就一无所有的林肯，终其一生都在面对挫折和失败。他曾经绝望至极，但却从没有放弃人生这场长跑比赛。

通向成功的过程，就像一条漆黑的隧道，望不到头，其实，只要你勇敢地前行，这条路会越来越明亮。

面对挫折，我们不应过分沉迷于失意的阴影中不能自拔；面对挫折，我们不应整日浸泡在悲伤痛苦的泥沼中越陷越深；面对挫折，我们不应长期颓废不振而迷失眼前的方向。遭遇挫折时，尽快摆脱痛苦才是明智的选择。

南美洲有一种鹰，动作敏捷，飞行时快如闪电，被它发现的小动物，一般都难逃一死。正是这样一种雄鹰，在它出生不久，便会受到母亲"残酷"的训练。在学习飞行的过程中，幼鹰的翅膀会被折断大部分骨骼。这种鹰的翅膀骨骼有很强的再生能力，只要忍住剧痛，不断振动翅膀，使翅膀不断充血，不久即可痊愈，痊愈后的翅膀更加强壮有力。一些幼鹰忍住了剧痛，最终成功地在空中翱翔。

没有人能够随随便便获得成功，就像鹰不会一出生就能在空中翱翔一样。被折断大部分骨骼的幼鹰遭受的挫折是巨大的，但是它没有一蹶不振。这说明了什么？说明挫折真的不算什么。

从未成功的人总是在陷入困境时一蹶不振，认为挫折是个跨不过去的坎儿，越是这样想，面对的困难就会越大越多。一个人如果怕这怕那，什么也不敢尝试，将来怎样能成就一番事业？

挫折只不过是成功路上一块绊脚的石头，你越把它当回事儿，它就越要绊你一跤。挫折给予我们的思想上的压力，乃至肉体上的痛苦，都可能成为精神上的兴奋剂。很多伟人，都曾遭受过挫折及形形色色的苦难，正是这些形形色色的挫折、苦难，使生活变得充实、有意义；正是这种挫折中的抗争，孕育了他们的成功。

挫折给人以力量，催人奋进。当一个人走完他坎坷不平的一生，想想所经历过的，相信他会为自己经历的挫折以及为之付出的努力而感到欣慰。

成功由挫折开始，挫折造就成功

阳光总在风雨后，成功往往也是出现在挫折后面的。生活中肯定会有挫折，在尚未取得成功时，碰到挫折就自动放弃，将永远与成功无缘。我们需要把每次挫折都看作生活中的一个小插曲，看成锻炼我们的机会，坚强地对待每一次挫折。

中国古代先贤孟子曾说："天将降大任于斯人也，必先苦其心志，劳其筋骨，饿其体肤，空乏其身，行拂乱其所为，所以动心忍性，曾益其所不能。"意思是说，天将要降下重大责任在这样的人身上，一定要先使他的内心痛苦，使他的筋骨劳累，使他经受饥饿，以致身体消瘦，使他受贫困之苦，使他做的事颠倒错乱，总不如意，通过这些来使他的内心警觉，使他的性情变得坚忍，增加他不具备的才能。人们最出色的成绩，往往是在处于逆境的情况下做出的。

挫折到底是什么？关键看你如何看待它。

失败者说：挫折是成长路上永远翻不过去的山，因为翻过一座山，前方又会有另一座山。

懦弱者说：挫折是成长路上的一片荆棘地，会把人扎得遍体鳞伤。

沮丧者说：挫折是被击倒后的眩晕，让人丢弃了信心，迷失了前进的方向。

坚强者说：挫折是山，翻过它，就可以见到浩瀚的大海。

勇敢者说：挫折是荆棘，劈开它，面前就会出现更广阔的大道。

胜利者说：挫折是海中的礁石，不遇见它，永远激不起成功的浪花。

有些人在挫折面前倒下了，甘心失败与屈服，有些人则在精彩的人生长河里泰然自若地游弋，即使遇到了惊涛骇浪，也无所畏惧，仍然昂着头，挺着胸，驶向那成功的彼岸。

挫折是激发一个人潜能的优秀"陪练"。把挫折当成提高自己能力的机会，勇敢地面对它，才能走向成功。

面对贫困和屈辱，英国杰出现实主义批判作家狄更斯经过不懈地学习和斗争，终于创作出了《双城记》。这部名著丰富了世界进步文学的宝库，也成就了狄更斯。

面对耳聋的折磨，著名音乐家贝多芬喊出："我要扼住命运的咽喉，它绝不能让我屈服。"不怕挫折，敢于与困难抗争，是贝多芬除了音乐造诣之外另一个需要我们学习、欣赏和敬佩的地方。

成功永远属于不怕失败的人。只要能跨过荆棘，战胜自己，挫折只是一时的，它阻挡不了我们前进的脚步。当我们战胜了自己，继续攀登、前行时，就会发现，成功的彼岸就在不远处。要获得成功必须先经历挫折，要正确认识挫折，从挫折中奋起，以更大的信心去迎接新的挑战。把挫折看得轻一些，把它想象成我们走向成功的路上遇到的、可以激励我们的"陪练"，这样我们就能积极地面对挫折、克服困难，最终取得我们想要的成功。

从哪儿跌倒的，就要从哪儿爬起来

很多人都喜欢这样一句话：跌倒了，爬起来再哭。跌倒了，马上哭，会错过很多东西。跌倒了，只要还怀揣梦想，就一定要爬起来，哪怕爬起来再哭。不爬起来，别人会看不起你，你自己也会失去机会。

人，总有跌倒的时候。跌倒了没有关系，爬起来，我们可以继续向前走。

大发明家爱迪生一生共获得了1000多项发明专利，难道他就没有失败的时候吗？当然不是，在他发明电灯时，曾失败过无数次，但是他不气馁、不灰心，反而吸取了许多失败的教训，让自己的知识不断地丰富起来。最终，功夫不负有心人，爱迪生成功发明了电灯，为人类的进步作出了卓越贡献。

跌倒了，能够再爬起来的，便是勇者、强者。漫漫人生路，少不了磕磕绊绊，谁都有可能被一块绊脚石绊倒，但是，能不能爬起来，是否有勇气站起来，往往是决定成功与失败的关键。

跌倒了，爬起来，拍拍灰尘，告诉自己我要更强大。有错才会明白自己的方案哪里需要调整，有错才能体会自己的思想哪里有误区，有错才能发现自己的能力哪里要提升，有错才能察觉自己的定位哪里要更改。错得多了，体验多了，积累多了，对事情的看法也就会有一定的进步，这就是跌倒了的益处，当然，前提是你要能爬起来。

跌倒了，爬起来，会觉得摔跤并不像想象中的那么痛，如果不爬起来，则会成为心中永远的痛。知难而进，迎难而上，从哪儿跌倒的，就要从哪儿爬起来。

但是，跌倒了，总归是痛的。忍，也是有极限的。但不管你什么时候哭，在哪儿哭，你都要先爬起来，然后再痛痛快快地发泄一下心中的不满，擦干眼泪，带着感恩之心继续赶路。

跌倒了，爬起来；又跌倒了，再爬起来；还是会跌倒，还能爬起来。成功，就是简单的事情反复地做。之所以有人不成功，不是因为他做不到，而是他不愿意去做那些简单而重复的事情。

总之，人生就像爬山，每走一步都会提升我们做人的高度。挫折、失败，只是我们成功路上的绊脚石，跨过去，或者把它们摆平站上去，它们就是我们的垫脚石。否则，我们将永远与成功无缘。

"屡战屡败"为愚人，"屡败屡战"是斗士

人们会情不自禁地把羡慕的目光投向成功者。可是，你是否想到，成功者都经历过失败的考验。

对于在成功之路上艰难跋涉的人来说，都不可避免地会遇到失败。这如同一个人要生存就必须经历白天和夜晚一样，白天是顺境，晚上是逆境，没有一个人只过白天不过黑夜。酸甜苦辣构成了多滋多味的人生，只有成功而没有失败的人生是不存在的。

但我们要相信，纵使事情的发展再糟糕，我们都具有扭转的能力。上帝并不是在故意拖延，只是在等待时机。如果你屡次的尝试都不见效，那就好好从失败中吸取教训，以便未来能战胜挫折，从失败中站起来。

对待失败，最重要的是要有"屡败屡战"的精神。

在历史上有一个很有名的故事，说的是一个在外与敌国作战的将军，由于种种原因总是吃败仗。在又一次被敌人打败之后，他急奏皇帝，一方面报告战事情况；另一方面寻求对策，等待援兵。他在奏折上有一句话是"臣屡战屡败"，他的上司看到这封奏折，觉得不妥，于是拿起笔来，将奏折上的这句话改为"臣屡败屡战"。一字未动，仅仅是顺序的改变，顿时将原本败军之将的狼狈变为英雄的百折不挠。

这里我们不关心这个故事的真假和表达中权谋方面的内涵，仅探究一下为什么"屡战屡败"会传达给人失败和痛苦的感觉，而"屡败屡战"则带给人希望。

心理学家曾经做过一个有点残忍的实验。将小白鼠放到一个有门的笼子里，笼子的底部是金属的，然后，给笼子底部通上低电流，使小白鼠受

到虽然不致命但是会引起相当痛楚的电击。这时，将笼子门打开，小白鼠会立刻跑出笼子以逃避电击。但如果用一张玻璃板将笼子门堵住，小白鼠在遇到电击往外跑的时候，则会在玻璃板上撞一下，然后被挡了回去。重复给笼子底通电，使小白鼠一次又一次地在企图逃跑的时候受到玻璃板的阻碍。最终，小白鼠学会了屈服，它缩在笼子里，被动地忍受着电击的折磨，完全放弃了逃跑的企图。这时，即使将笼子门上的玻璃板移走，而且让小白鼠的鼻子从笼门伸出笼外，它也不会主动逃出笼子，而是放弃所有努力，绝望而被动地忍受着痛苦。小白鼠的这种状态，在心理学上被称为"习得性无助"。

习得性无助是描述动物（包括人在内）在多次受到挫折以后，表现出来的绝望和放弃的态度。这时的基本心理过程是退缩和放弃。对人来说，还有自我怀疑、自我否定和自我设限等，使人变得悲观绝望、听天由命，听任外界的摆布，任自己的命运随着外力的强弱而波动起伏。

有人可能认为，人和小白鼠不一样，人如果看到有获救的希望，会不顾一切去求助。这个结论在类似刚才那个实验的情况下大概是成立的，但是换一种情况，很多人的表现却和小白鼠惊人的相似性。当我们说"理想已经被现实磨平了"的时候，当我们说"现实带给我的是一次次打击，我终于放弃了"的时候，我们的表现就是习得性无助。

人在成长过程中，如果在某一方面总是受到其他人的批评或负面评价，便倾向于渐渐形成一种信念，认为自己在这方面真的不行，从而放弃努力。同样，人在做一件事的时候，如果一次又一次地遭到失败，也会倾向于放弃再试一次的努力，认为自己无论怎么做也做不好这件事。就像那只小白鼠一样，玻璃板其实不是挡在笼子门口，而是挡在它的心里。

但是，人终究是人，是有智慧的生物，在我们的历史上，的确有很多这样的人，他们不轻言放弃，不被挫折击倒。失败对他们而言，是学习和吸取教训的机会，是下一次努力的台阶。这样的人克服了内心的恐惧和障碍，从而具备了顽强的意志和高远的智慧。他们不是"屡战屡败"的愚人，而是"屡败屡战"的斗士。

命运之神也许可以像实验者对待小白鼠那样操纵着我们，然而我们却不能像小白鼠一样活着。人可以思考，可以通过驾驭自己的情感和意志力来征服命运，战胜失败。失败并不可怕，失败了不能正确面对才是真正的失败。"再平的路也会有几块石头。"迈过石头或搬走石头，此后才是一马平川。

放弃者永不成功，成功者永不放弃

成功的秘诀其实很简单，那就是虽然屡遭挫折，却能够坚强地挺住。

曾任英国首相的丘吉尔一生中最精彩的演讲，是他的最后一次演讲。

在剑桥大学的一次毕业典礼上，整个会堂挤满了学生，学生们正在等候丘吉尔的出现。很快，丘吉尔就在随从的陪同下走进了会场并慢慢地走向讲台，他脱下大衣交给随从，然后又摘下了帽子，默默地注视着所有的观众。一分钟后，丘吉尔说了一句话："永不放弃。"说完，丘吉尔穿上大衣、戴上帽子离开了会场。

整个会场鸦雀无声，一分钟后，掌声雷动。其实，永不放弃有两个原则，第一个原则是永不放弃；第二个原则是当你想放弃时回头看第一个原则。

成功者与失败者并没有多大的区别，只不过是失败者走了99步，而成功者走了100步；失败者跌倒的次数比成功者多一次，成功者站起来的次数比失败者多一次。当一个人走了100步时，也有可能遭到失败，但只要坚持住，就有机会取得成功。

希拉斯·菲尔德先生退休时攒了一大笔钱，他突发奇想，想在大西洋的海底铺设一条连接欧洲和美国的电缆。随后，他全身心地投入这项事业中。他使出浑身解数，总算从英国政府那里获得了资助，开始了他的铺设工作。不过，就在电缆铺设到5英里（1英里约等于1.61千米）的时候，突然被卷到了机器里面，断了。

菲尔德不甘心失败，又进行了第二次试验。在这次试验中，铺了200英里长时，电流突然中断，不久又突然恢复，导致轮船发生严重倾斜，制动器紧急制动，不巧又割断了电缆。

但菲尔德并不是一个轻言放弃的人。他又订购了700英里的电缆，而且聘请了一位专家设计出一台更先进的机器，以完成这次的铺设任务。最终，两艘船在大西洋上会合了，电缆也接在了一起，随后，两艘船分别驶向爱尔兰和纽芬兰。其间，他们又经历了三次电缆割断事故，最后不得不返回爱尔兰海岸。

菲尔德继续为此事日夜操劳，废寝忘食地工作，因为他不甘心失败。于是，第四次尝试又开始了，这次总算一切顺利，铺设工作圆满完成，一切似乎就要大功告成，但电流突然又中断了。这一次，除了菲尔德和少数几个人外，几乎没有人不感到绝望。菲尔德还是没有放弃，凭借信心和坚持不懈的毅力，他又找到了投资人，开始了新一轮的尝试。1866年7月13日，又一次试验开始了，这一次顺利接通电流，菲尔德发出了第一份横跨大西洋的电报。电报内容是："7月27日。我们晚上9点到达目的地，一切顺利，运行完全正常。"

一个人要想获得成功，就要把所做的事当成自己唯一的追求去做，不达目的绝不罢休，要积极地调动起所有的储备和资源，寻求一切可能的帮助。没有这种永不放弃的精神，就可能一辈子什么事也做不成。

在美国西部的"淘金热"中，有一个年轻人挖到了金矿，他高兴极了，打算大干一场，不料矿脉突然消失了。他继续挖掘，几乎用光了所有的钱，但依然一无所获，于是，他决定放弃。他把机器便宜卖给一位老人后，便坐火车回家了。这位老人请了一位采矿工程师，在距离原来停止开采的地下三尺处挖到了金矿。这位老人净赚了几百万美元。

如果这个年轻人能再坚持一下，他势必会挖到金矿，但他却放弃了。

永不放弃是一种不达目的誓不罢休的精神，是一种对自己所从事的事业的坚定信念，也是高瞻远瞩的眼光和胸怀。它不是蛮干，不是赌徒的孤注一掷，而是预测未来后的明智抉择，更是一种对人生充满希望的乐观态度。

对任何人来说，要想成功，就要拥有永不放弃的韧劲儿，持之以恒执着地为自己的目标而努力，那么，他距离成功便不会太远了。

第六章

走出心理困境，每一天都阳光满地

　　心理素质在一定程度上是一个人所有素质的基础。人只有心理健康，才能快快乐乐地学习和工作，才能拥有和谐幸福的生活。很多人都存在或多或少的心理困惑，掩饰和回避都不是解决问题的方法。只有正视它、看清它，才能有效解决它，进而重塑健康心理。

去除嫉妒这颗毒瘤，避免伤人伤己

嫉妒是一种可以产生攻击性的心理，嫉妒者妒火中烧的时候，为平衡自己的不健康心理，往往会对被嫉妒者进行言语上的攻击，或者表面上不露声色，暗地里却蜚短流长、拨弄是非，给被嫉妒者制造困境，更有甚者，会做出一些违背伦理道德的事情。战国时期的庞涓嫉妒成疾，不择手段陷害师兄孙膑，使其残废；同师于荀况的李斯因嫉妒韩非的才学而逼死了韩非；隋炀帝因司隶大夫薛道衡写出了比自己好的诗句，妒火中烧，杀了薛道衡。

天主教将嫉妒与傲慢、愤怒、怠惰、贪婪、暴食、色欲一起视为七宗罪。俄国著名文学家陀思妥耶夫斯基也曾经说过："嫉妒，是不可饶恕的激情，不仅如此，它甚至是一种不幸！"但每个人都或多或少有一点嫉妒心理，有的人能用理性抑制嫉妒，用嫉妒去激发自己努力而不是阻挠对方成功。但是有的人会被嫉妒之火烧得丧失理智，使自己和他人两败俱伤。所以，嫉妒之心是纷扰的种子、丑陋的秉性、邪恶的开始，其杀伤力之大、破坏力之强，远远超出我们的想象。

西方有一个关于嫉妒的故事。一群魔鬼企图以名利、情欲、恐惧、死亡来试探一位道行甚高的神父，但一直都没能得逞，魔鬼们无功而返。魔王知道后，不屑一顾地对这群魔鬼说："你们这些方法都太肤浅了。退到一边去，看我的！"魔王走近神父，轻声说："你的同门师弟已经当上了大主教，你听说了吗？"霎时间，神父庄严肃穆的面容就变得怒不可遏了。

嫉妒是人性的弱点之一，无论男人还是女人，都很难逃脱嫉妒的困扰。

女人天生爱嫉妒，似乎已经得到了人们的普遍认可。确实，女性的嫉妒心理往往胜于男性。很多女人爱嫉妒，多半是因为经济不独立，生活依靠男人，丈夫是她们生活的中心，丈夫周围的一切都是她们关注的内容。丈夫身边的任何一个女人，都被她们看成对自己家庭地位的威胁。这可以说是一种自卫的表现，不过，过于看重婚姻与家庭的女人，很容易陷入生活的小圈子里，家长里短、容貌、穿着、金钱、儿女等因素，都会成为她们嫉妒的源头。

男人也有嫉妒心理，只是不轻易表现出来。男人的嫉妒心理多表现在对事业的追求上，男人一旦心生嫉妒，往往借助其他渠道发泄，绝不点破。这是因为男人虽然不喜欢嫉妒，但是又会不自觉地产生嫉妒心理，于是，他们找借口、变换形式，以排解心头的不满，如在工作上挑错、在合作上拆台等。男人有了嫉妒之心，很快就会体现在行动上，这种行动一旦过激，往往会出现暴力事件。虽然女人比男人爱嫉妒，但是男人嫉妒的后果有时更可怕。

嫉妒心理也会危害我们的身心健康。嫉妒者内心充满痛苦、焦虑、不安与怨恨，这些情绪久久郁积于内心，会导致内分泌系统功能失调，心血管或神经系统功能紊乱，甚至破坏消化系统、血液循环系统的正常运行，还会使大脑皮层下丘脑、垂体、肾上腺皮质类激素分泌增加，使血清素类化学物质降低，从而引起多种疾病，如神经症、高血压、心脏病、肾病、肠胃病等。

另外，嫉妒会使人产生一种"无名火"，让人心情烦躁，无端生气，动作紊乱，睡眠不好。嫉妒还会使人疑神疑鬼，性格变得孤僻怪异，难以与人相处，加快衰老。因此，一旦人产生了嫉妒这种不良心态，就等于慢性自杀。那么，我们应该如何去除嫉妒这颗毒瘤，从而轻松生活呢？

1. 客观地评价他人

我们要正确地认识自我，客观地评价他人。"金无足赤，人无完人"，一个人不可能万事皆通，样样比别人好，时时走在别人前面。我们要学会接纳自己，认识自己的优点与长处，也要正确地评价、理解和欣赏别人。

当因嫉妒而给自己的精神带来一些不安与烦恼时，不妨冷静地分析一下嫉妒的不良作用，同时正确地评价自己，找出其中的差距，这样，嫉妒的锋芒就会在正确的认识中钝化。

2. 学会自我宣泄

嫉妒心理也是一种痛苦的心理，当还没有发展到严重程度时，用各种宣泄方式来舒缓一下是很必要的。这种宣泄仅仅处于出气解恨阶段时，最好能找一个知心朋友或亲友，痛快地说个够，以求心理平衡。如果有一定的爱好，则可借助各种业余爱好来宣泄和疏导自己的痛苦情绪，如唱歌、跳舞、画画、下棋、旅游等。这种方法能阻断嫉妒朝着更深的程度发展。

3. 正确进行比较

一般来说，嫉妒心理较多地产生于原来水平大致相同、彼此又频繁联系的人之间。看到那些原来不如自己的人渐渐地比自己优秀，嫉妒之心就会油然而生。因此，要想消除嫉妒心理，就必须学会运用正确的比较方法，辩证地看待自己和他人。要善于发现和学习对方的长处，纠正和克服自己的短处，而不是以自己之短比他人之长。这样，嫉妒之心就会渐渐消除。

不要无端多疑，否则会恶化人际关系

多疑是一种由主观推测而产生的不信任的复杂的心理体验。多疑的人往往带着固有的成见，通过"想象"把社交中发生的无关事件凑合在一起，或者无中生有地制造出某些事件来证明自己的成见，于是，便把他人无意的行为表现，误解为对自己怀有敌意。没有足够的根据，就怀疑他人对自己进行欺骗、伤害、暗算、耍弄阴谋诡计，甚至把别人的善意曲解为恶意，以致与人产生隔阂，在人际交往中自筑鸿沟，严重时还有可能反目成仇。

多疑是交往中的一种消极心理，反映着不同程度的自私狭隘思想。多疑的人往往整天疑心重重、无中生有，总以为别人在议论自己、瞧不起自己、算计自己，认为人人都不可信，人人都不可交。甚至有人稍微表现出一丝异常，就成为他怀疑的对象。

多疑是人际关系中的蛀虫，也是和谐人际关系之大忌。事事捕风捉影，心生疑窦，对他人失去信任，既损害正常的人际交往，又影响个人的身心健康。

某个周末，几个朋友约好了去酒吧喝酒，但不知什么原因，没有人告诉郑意。郑意无意中得知此事，心里很不舒服，他想："他们怎么会忘记告诉我呢？肯定是因为我有什么地方做得不好，得罪了其中的某个朋友。这次他们聚会，之所以不叫上我，应该就是因为那个人和其他人说我的不好了。难道他们都不喜欢我，在有意远离我吗？哎，他们到底为什么不叫上我呢……"郑意不断猜想着，几天下来都没有休息好，致使精神状态很差，工作效率也很低。

而实际情况是怎样的呢？朋友们觉得郑意工作很辛苦，没有通知他一起聚餐是希望他一个人在家好好休息，并约定下次聚会时叫上郑意。

善猜疑是由错误的思维定式造成的。一般来说，猜疑者是以某一假想目标为起点，以自己的一套思维方式并依据自己的认识和理解程度进行"O"型思考。这种思考从假想目标开始，又回到假想目标上来，如蚕吐丝作茧，把自己包在里面，死死束缚住。

甜甜的大学同学在聚会时带上了女儿，但没有介绍给甜甜认识。甜甜觉得很别扭，思忖着对方为什么没有把孩子介绍给自己认识："她觉得我现在没钱、没权、没本事，所以，不屑于让孩子叫我一声'阿姨'？她以前是不是就不喜欢我，只是因为我们在一个宿舍，所以才不得不与我接触？不管怎样，她让我心里不舒服，我就不能让她舒服，下次聚会，我把我儿子带去，也不介绍给她认识……"

而实际上，甜甜的大学同学之所以没把孩子介绍给甜甜认识，是因为孩子太害羞，而不是甜甜所想的不喜欢她。

多疑是一种神经过敏，是友谊之树的蛀虫。这种心理能乱人心智，混淆敌友。因为其具有多疑心理，往往会先在主观上认定他人会对自己不满，然后在生活中寻找证据，带着以邻为壑的心理，把无中生有的事强加于人。这是一种狭隘、片面、缺乏根据的盲目想象。这种人费心地算计别人，因为他们觉得只有这样他们才不会"吃亏"，才能在他们营造的狭隘的世界里获得"胜利"。

与他人交往时，我们应该理性思考，不无端猜疑。当发现自己生疑时，应先问问自己："为什么我要这样想？""如果怀疑是错误的，还有哪几种可能发生的情况？"也可以去做做运动，哪怕刚开始是强迫自己去做。比如，做健身操、打太极拳、散步或伴着音乐跳舞，都能消除悲伤、愤怒、烦恼和愁思，换来"柳暗花明"的心境。

改变孤僻心理，成为社交高手

孤僻就是我们常说的不合群，指不能与人保持正常关系、经常离群索居的一种心理状态。孤僻的人一般为内向型的性格，主要表现为不愿与他人接触，待人冷漠。在社交中，对周围的人常有厌烦、鄙视或戒备的心理。具有孤僻心理的人猜疑心较强，容易神经过敏，办事喜欢独来独往。

孤僻的人缺乏朋友之间的欢乐与友谊，交往需要得不到满足，内心苦闷、压抑、沮丧，感受不到温暖，看不到生活的美好，缺乏群体的支持，容易消沉、颓废。那么，孤僻心理是怎么来的呢？

1. 内心冷酷

有的人从小对人就比较冷淡，常因某种贪婪的目的假意与人产生感情。这类人对生活没有热情，心灵已被欲望熔炼成一块钢铁，在他们心中，人与人之间只有利益，于是，他们习惯用冷冰冰的利益关系来替代人与人之间纯洁善良的感情。因此，他们有时候看起来虽然很热情，但是内心却是极其孤僻的。

2. 心理自负

有的人只关心个人需要，强调自己的感受，在人际交往中表现得目中无人。与同伴相聚，当自己不高兴时，他们往往会不分场合地乱发脾气；高兴时，则海阔天空、手舞足蹈地讲个没完，全然不考虑别人的感受。这种人往往会过高地估计与他人的亲密度，讲一些不该讲的话。这种过于亲昵的行为，会使人出于心理防范而与之疏远。

3. 幼年受挫导致自卑

心理学家通过研究表明，儿童时期如果经常得到老师、家长及同伴的认可、支持与赞许，会增强一个人的自信心、求知欲，使其内心获得一种快乐和满足，从而养成勤奋好学的良好习惯；反之，则会使人产生受挫感和自卑感，这样的人长大后性格比较孤僻，不愿意与人接触。

4. 对环境的适应能力不强

有的人因为在生活中一直处于一种无所事事的状态，工作压力小，生活平淡，朋友圈子不大，业余生活不多，伴随着这种单调麻木，这种人的性格好像也理所当然地简单乏味起来。当他们还在从早到晚无话可说、无事可做的麻木中陶醉的时候，一旦周围的环境发生变化，现实强迫他们尽快回到一个社会人的状态时，这种懒散惯了的人就会很难融入每天都紧张的环境。这会间接导致他们走向孤独，不能很好地处理人际关系。

人际关系是否和谐，能否为他人所接受，也直接影响到一个人的心理健康。要克服孤僻的心理障碍，成为社交高手，可以参考以下方法。

1. 改变性格，增加交往的心理透明度

孤僻的性格是在生活环境中经过反复强化逐渐形成的。具有孤僻性格的人，兴趣比较少，清高孤傲，心灵的透明度不够，心理活动深藏不露，让外人感到神秘莫测，这些性格会成为他们融入集体的障碍。具有这种性格的人与人交往时要增加心理透明度，以开放的心态主动与人沟通，吸纳别人的长处，体会、享受人与人之间的情意和交往带来的快乐。

2. 调整自己的心态，主动与人交往

在人际交往中，心态一定要调整好，千万不能害怕与人交往。工作中与同事多接触会让人变得更合群，与朋友聊天时，如果自己话不多，不妨做个听众，听听他们的故事，说不定能从中得到启发。到处走走，散散心，也能让心境打开，交到更多朋友。

3. 悦纳自我

俗话说："人贵有自知之明。"能否正确认识、评价和接受自己，是保持自身心理健康的前提。但"当局者迷"，并非人人都能真正做到自知。自我认知失调是导致心理失衡的一个重要原因。我们应全面认识自己的心理特点，了解自己的长处和短处，并对自己做出客观的、恰如其分的评价，防止因评价过高而变得自负，或因评价过低而陷入自卑。能够悦纳自我的人，才能以积极的状态面对社交活动。

4. 及时肯定自己

因自卑而孤僻的人，每天晚上睡觉前要充分肯定自己这一天的成绩和进步，不要讲消极的话。有写日记习惯的，可以把好的体验、进步、成绩记到日记上。天天都这样记，你会觉得生活越来越有意思。

摆脱强迫症的纠缠，不再重复自己的行为

生活中，有些人常被一些想法和行为所左右，如一些令人不快的思想、观念或欲望等，这些有时会导致严重的内心斗争并伴随强烈的焦虑和恐惧。于是，有的人会为了减轻焦虑而做出一些近似仪式性的动作，尽管他们明知这样做没有作用，却无法自我控制和克服，因而感到痛苦。当这些想法和行为影响到正常生活时，这些人可能就是得了强迫症。

在大学的最后一年，学财会的贾宇发现自己在完成功课时花费的时间越来越多。每次做完作业，他总是要反复检查，直到自己满意为止。毕业后，他应聘到一家银行工作。工作中，明明可以两三个小时做完的账，贾宇却需要一两天才能完成。因为他总是担心账有问题，反复地检查了一遍又一遍。不仅工作上如此，生活中的贾宇也是如此，如出门时他会反复检查门窗是否关好；发邮件时会反复检查邮件的内容，看是否写错了字。他每天会为此花去大量的时间。最后，单位领导只好让他回家休息。

生活中的很多人都有着强迫现象，如反复检查窗户是否关好、大门是否上锁等。如果这种现象只是轻微的、暂时的，当事人不会觉得痛苦。强迫行为对自己的生活没有太大的妨碍不算是病态，也不需要太在意。如果强迫症状出现的次数比较频繁，干扰了正常的生活，对工作和学习有了很大影响，这就需要我们正视甚至寻求治疗了。

据国际权威专家统计，30 岁左右的城市人群最容易患上强迫症，且发病率呈逐年上升的趋势。他们大多长期机械地工作，压力过大，对本职工作渐渐产生了厌倦，却又希望得到上司的赏识，不允许自己出错，凡事追求完美。这种状态形成了恶性循环，就容易导致强迫症。

强迫症与一定的人格特征有密切关系。患有强迫症的人为人谨慎、墨守成规、不够通融、缺乏幽默感、太过理性，他们的内心常常有明显的冲突，徘徊于服从与反抗、控制或爆发两种极端之间。他们常常对自己、对别人要求很高，结果总是批评别人不好，怀疑和否定自我，缺乏自信心，常因无法接受自己而内心崩溃。

除了人身的主要因素外，社会心理因素是强迫症的诱因。正常人偶尔有强迫心理，但是并不持续，然而在某些社会心理因素的影响下，这种强迫心理却会因被强化而持续存在。比如，工作和生活环境的变换，责任的加重，要求的过分严格；家庭不和，性生活不和谐，怀孕、分娩等造成的紧张；亲人的丧亡；突然受到的惊吓；遭受政治上的冲击；濒临破产；等等。这些事情会给人带来沉重打击，使人谨小慎微，遇事犹豫不决，反复思考，忧心忡忡，近而容易促发强迫症状。

心理专家认为，患有强迫症并不可怕，只要我们能勇敢理智地正视和承认，便能使强迫行为趋于正常。

1. 把心放大，一切顺其自然

要克服强迫症便要相信世界上没有十全十美的事物，残缺也是一种美，维纳斯的断臂被世人称为"完美的美"就是例子。此法在于减轻精神压力。做任何事情都要顺其自然，最好做完后不再去想，不再去评价，窗户没关好有什么关系？东西没收拾好又有什么关系？经过一段时间的努力，用接纳来克服由此带来的焦虑情绪，强迫症的症状便会慢慢消失了。

2. 让情绪得到宣泄

说出自己的紧张情绪，如自己过去曾在某个情景或某个时候受到的心理创伤、不幸遭遇等，把内心的痛苦情绪尽情地向亲近的人发泄出来。说出自己的恐惧，也就降低了恐惧；说出自己的紧张，也就缓解了紧张。

3. 直面引发强迫心理的情境

当一个人暴露在恐惧的情境中，其会感到焦虑和痛苦，于是，很多人会极力回避这种情境。其实，回避不但不能解决问题，还可能会加重人的强迫心理，所以，必须靠自己的意志力或其他人的帮助来阻止回避行为的发生，只有在引发强迫心理的情境中暴露的时间足够长，这种焦虑和痛苦才会缓解。简单地说，就是一下子接触最害怕的东西，然后让其慢慢适应。反复运用此法可阻止回避行为的发生，最终对这类情境不再恐惧，从而建立正常的行为模式。

洁癖不能等同于讲卫生，而是过于讲卫生

一般人认为，洁癖就是太爱干净。一个人爱干净是好事，但是过于注

重清洁以至于影响了正常的学习、工作和生活，就属于洁癖。洁癖有轻重之分，较轻的洁癖仅仅是一种不良习惯，而较严重的洁癖则属于心理疾病，是强迫症的一种，应求助心理医生。

一些有洁癖的人尤其注意手的卫生，每天要洗几十遍，每接触过一件东西，就要把手洗一次，不然就痛苦万分，什么事情都做不了。一回到家动不动就要大洗一番，不让家人随便乱坐，也不欢迎朋友来访。他们不仅注重自己的手部卫生，还关注周围人的手部卫生，例如，别人去厕所后忘了洗手或者从外面回来没有洗手，但却触碰了某些文件或用具，他们便会对这些文件和用具特别紧张；和别人握手时，心里也很紧张。时间一长，这样的习惯就会严重影响工作和生活。

洁癖与心理因素、社会因素有关，过度疲劳、紧张，某些精神刺激以及相关的家庭教育等都可能诱发洁癖。有洁癖的人的性格多具有敏感、固执、主观任性、自制力差，或胆小怕事、优柔寡断、犹豫不决、谨小慎微、自卑、墨守成规、刻板等特点。

中国历史上有名的洁癖之士首推明初大画家倪云林。倪云林爱洁成癖，自己用的文房四宝，每天都有两个用人专门负责随时擦洗；院里的梧桐树，也要命人每日早晚挑水揩洗干净。一日，倪云林的一个好朋友来访，夜宿家中。因怕朋友不干净，一夜之间，他竟亲自起来看了三四次。忽听朋友咳嗽一声，他又担心得一宿未眠。天刚亮，他便命令仆人寻找朋友吐的痰在哪里。仆人找遍了每个角落都没见到痰的痕迹，又怕挨主人骂，只好找了一片稍微有点脏的树叶，送到他面前。倪云林斜睨了一眼，便厌恶地闭上眼睛、捂住鼻子，叫用人拿到三里外丢掉。

很多有洁癖的人知道这是一种心理疾病，但他们却控制不住自己。某女有洁癖，在外面穿过的衣服到家里就不能再穿；睡觉的时候必须换上只有在床上才能穿的专用睡衣；家里来了客人她会很紧张，客人走后她必须把家里所有地方都擦一遍；去外面时，需要开门她不会直接碰门把手，必须先拿张纸垫着；她不敢乘公交车，不敢去公共场所，所以很少出门；当万不得已要出门时，她回到家的第一件事情就是彻底清洁里里外外的全部衣服，还有包及包里的东西，只要是带出去的东西都要洗，没洗干净之前绝不会接触家里的其他东西……

像这种有洁癖的人每天都活得特别紧张，其生活目标就是讲卫生，整天关注的就是病菌，而无暇顾及其他。当洁癖影响正常生活的时候，需要采取办法加以矫正。

1. 从心理上改变对"洁净"的认知

有洁癖的人一般都是完美主义者，他们追求的是心理上的洁净。其实，"洁净"与"不洁净"是一组相对的概念，任何人在任何时间、任何场合都无法做到完美。小时候玩泥巴长大的孩子其身体不但不弱反而很棒，这是因为有益的细菌能提高孩子的抵抗力。一个人只要能从心理上对"洁净"有正确认知，并用事实逐渐改变固有的看法，走出洁癖的困扰并不难。

2. "以毒攻毒"

物极必反，矫正洁癖我们可以"以毒攻毒"，怕什么偏干什么，一旦跨过心理上的那道坎儿，问题就解决了。比如，对于不停地洗手的人，家人或朋友可以让他全身放松，轻闭双眼，然后在他手上涂泥土、墨水等脏东西，涂完后，提示他的手弄脏了。接受治疗的人要尽量忍耐，直到不能忍耐再睁开眼睛看看到底有多脏。如此反复进行，其中，有时可以在他手上涂清水，同样告诉他手很脏，当他睁开眼睛时会发现手并不脏。这对他的思想是一个冲击，说明"脏"往往更多的是来自自己的意念，与实际情况并不相符。

此外，还可以把自己害怕的东西、场景、事件，从轻度到重度写出来，然后每天从最容易的事情入手，控制自己的行为。比如，每天减少洗手的次数，原来洗30遍，现在洗25遍，慢慢地克服洁癖。

第七章

培养情绪钝感力，从容淡定过一生

为了更好地生存和发展，我们必须培养情绪钝感力（一种心理防御机制），让自己强大起来。强大不是天生的，而是经历了人生坎坷和风雨后沉淀而成的。真正的强大，是内心的强大。做内心强大的自己，才是真正的强者，才能从容淡定过一生。

经受住苦难的考验，才能成为强者

每个人都希望自己成为生活的强者，但通向强者的路上永远有苦难在那里等待。苦难并不可怕，迎向苦难，虽处逆境但可使人尝遍人间酸甜苦辣咸的滋味；经受世态炎凉，才能对生活有更多的领悟，更了解人生的真谛。苦难是一本开启智慧的好书，当人们精心阅读感受之后，会发现它在娓娓讲述丰富生活阅历的同时，又夹着睿智，细细品味会使人豁然开朗、智慧倍增；苦难又是一位深沉的哲人，告诉人们，强者的人生意义不在于他辉煌的成就，而在于他为实现理想一次又一次的拼搏，强者在风浪中领略到的瑰丽之景是平庸者永远看不到的。

苦难对于每个人来说都是一场考验，只有经受住苦难的考验，才能铸就非凡的人生。

贝多芬在战胜苦难上，创造了不亚于他那些交响曲的辉煌成就。

1770 年冬天，德国作曲家贝多芬诞生在波恩一间墙壁歪斜的简陋的小屋里。父母不和，生活贫困，悲惨的童年造成贝多芬性格上的孤僻、倔强和独立不羁，并在他心中孕育出强烈而深沉的情感。贝多芬从 12 岁起开始作曲，14 岁参加乐团演出，并领取工资补贴家用。从这之后，贝多芬几乎成了苦难的象征。到了 17 岁，母亲病逝，把家中仅剩的钱花光了，留下两个弟弟、一个妹妹，还有一个已经堕落的父亲。不久，贝多芬又得了伤寒和天花。他遭受的不幸，根本就不是一个孩子能够承受得了的。

尽管如此，贝多芬还是硬挺了过来，既为了家庭生活，也为了自己的爱好，他一直在乐团工作着。贝多芬的音乐作品充满了高尚的思想感情，有的像奔腾的激流，给人以信心和力量；有的如美丽的大自然，淳朴明朗，庄重宁静；有的似素月清辉，倾泻在橡树荫中，缥缈轻柔，幽美深远……

贝多芬的音乐天赋刚刚萌芽，在正要迈入风华正茂的黄金时代之际，他竟发觉自己的听力开始衰退。要知道，音乐只对音乐的耳朵才存在。这个早就把整个生命都献给音乐的德国青年，怎么能在 26 岁的年龄失去音乐的耳朵呢？

起初，贝多芬极力掩饰听力迟钝的缺陷。他不参加社会活动，以免别人发现他耳聋。后来，他两耳完全失聪，实在无法掩饰了，他便隐居维也纳郊外的海利根斯塔特。他曾在一份叫作《遗嘱》的文件中倾吐了当时的苦衷："我不可能对人家说：'大点声讲，大声喊，因为我是个聋子。'我本来就有一种优越感，认为自己是完美无缺的，比任何人都要完美，简直是出类拔萃。我怎么能够承认这种可怕的病症呢？当别人站在我的身边能听到远处的长笛声，而我却什么也听不见时，这是一种多么大的耻辱啊！诸如此类的经历简直把我推到了绝望的边缘——我甚至曾想过要了此残生。"

残酷的命运，使这位年轻的音乐家痛苦万分，但最终没能使他消沉，他摒弃了自杀的念头，对朋友说："是艺术，只是艺术挽留了我。在我尚未把我的使命全部完成之前，我不能离开这个世界。"

贝多芬决定向悲惨的命运挑战。他在给朋友的信中说："我要扼住命运的咽喉，它休想使我屈服！"

这句话成了贝多芬一生的座右铭，这句话也最能体现出他那坚韧不屈的性格。从此，他比以前更加发奋努力。他向朋友描述了自己耳聋后争分夺秒、紧张创作的生活，"一切休息都没有！——除了睡眠之外，我不知还有什么休息""无日不动笔，如果我有时让艺术之神瞌睡，也只为要它醒后更兴奋"。

他的奋斗精神是非凡的。为了听取钢琴的演奏，他把一根细棒触在钢琴上，用嘴咬住另一端，琴弦发声时的振动传到棒上，再由他的齿骨传到内耳。

贝多芬与命运进行艰苦搏斗的时期，正是他一生中创作力量最旺盛、成就最辉煌的时期。他的大部分成功之作，都是在耳聋之后创作的，他以惊人的毅力、辛勤的劳动和巨大的成就，掀起了世界音乐史上崭新的一页。

命运对贝多芬的确是不公平的，暂且抛开他的耳疾不说，在其他方面他也是屡遭磨难。就其性格来说，贝多芬是不甘寂寞的，他爱交际、好聚会，也同样渴望爱情，渴望婚姻给他带来一个温暖的栖身之所，使他饱受病魔折磨的身心得到些许安慰。但是几次恋爱均未成功，虽然他满怀着热情，最后还是带着一颗受伤的心退却了，这更增加了由于耳疾带给他的孤独。他终生没有妻子，没有儿女。他的恋爱虽然没有获得最后的成功，但在当时的激情下，他创作了一首纪念爱情的音乐作品，即那首被题为《致爱丽丝》的钢琴曲。该曲朴实无华，是贝多芬作品中最感人的一曲，它那优美、柔和的旋律尤为今天的人们所喜爱。

贝多芬的身体虚弱不堪，但他是真正的强者。贝多芬一生困苦，但他同时也是幸福的人。

苦难是一笔财富，它会锤炼人的意志，使人获得生活的真谛。"苦尽甘来""吃得苦中苦，方为人上人"，这些都是鼓励人要经受住苦难的考验，在面对苦难的时候要忍耐，要有希望，只有保持这样一种心态，才会走向人生的辉煌。

能屈能伸之人，方能成就大业

"大丈夫能屈能伸"是一条千古不变的处世箴言，很多风云人物、英雄豪杰都因能屈能伸而叱咤风云，所向披靡。正所谓"识时务者为俊杰"，立大志，需以"屈"处世；成大业，需靠"伸"显才。

诸葛亮躬耕南阳，姜子牙渭河垂钓，可谓"屈"；而孔明一席"指点江山，三分天下"之豪言，姜太公一竿"无钩钓鱼，愿者上钩"之猖态，可谓"伸"。

"屈"是遇锋芒时的"避让"，是居安思危的退让，处世让一分为大，负辱退一步天阔。"伸"是相机而动的"趋进"，是该出手时就出手的气概。

企业家约瑟夫18岁时在一家房地产公司从事销售工作。公司要求每名员工每天必须联系一处待售的房产，并将其登记在册。有一天，经理得知约瑟夫当月仅联系到两处房产时，生气地说："我真不理解，我想，我要是雇个傻子，在他背上挂一块牌子，那个傻子至少也能将两处房产的信息带回来登记。"

面对这样的指责，约瑟夫虽然气愤难平，但他当时仍强压住怒火，静静地离开了办公室。他奔波了一天，在下班之前赶到经理办公室，将两处房产待售登记表掷到经理办公桌上。这次经理却轻描淡写地说："你最好明天再联系两处。"

约瑟夫这才明白，经理用的是"激将法"。对于血气方刚的年轻人来说，激将法很有效。约瑟夫很庆幸，虽然自己当时恨不得杀了这个可恶的上司，但还是压住了自己的愤怒情绪。

约瑟夫很明白自己的处境，知道在工作上要能屈能伸：虽然"恨不得杀了这个可恶的上司"，但仍然控制住了脾气，这是"屈"；他能压制住脾气去寻找客户并成功联系到两份业务，这就是他的"伸"。

屈，无疑是一种保全自身的智慧；伸，则是一种光大自己的智慧。屈于当屈之时，伸于当伸之际，这才是真正的君子之为。在生活、事业处于困难、低潮或逆境、失败之时，若能运用"屈"的智慧，往往会收到意想不到的效果，反之，该屈时不屈，该伸时不伸，则必然遭到沉重打击，甚至连性命都保不住。

纵观历史，有很多像勾践一样的人物，为成就自己的事业，实现自己的理想，在必要的时候，使用了"屈伸"之术，从而保全自己，待时机一到，便东山再起。

汉初名将韩信年轻时家境贫穷，他本人既不会溜须拍马，做官从政，又不会投机取巧，买卖经商，整天只顾研读兵书，最后，连一天两顿饭也没有着落，他只好背上祖传宝剑，沿街讨饭。

有个财大气粗的恶少看不起韩信这副寒酸迂腐的书生相，故意当众奚落他说："你虽然长得人高马大，又好佩刀带剑，但不过是个胆小鬼罢了。你要是不怕死，就一剑捅了我；要是怕死，就从我裤裆底下钻过去。"说罢双腿叉开，摆好姿势。

众人一哄而上，想看韩信的笑话。

韩信认真地打量着恶少，竟然弯腰趴在地上，从恶少裤裆下面钻了过去。街上的人顿时哄然大笑，都说韩信是个胆小鬼。

韩信忍气吞声，闭门苦读。几年后，各地爆发了反抗秦朝统治的起义，韩信闻风而起，仗剑从军，终取得一番功业。

假如当初不受胯下之辱，恐怕一顿拳脚之下，韩信不死也得丢半条命，也就不会有日后统领雄兵、叱咤风云的大将军了。

韩信的屈是为了更好地伸，是在退让中另谋进取；不是逆来顺受、甘为人奴，而是委小屈求大全。一旦时机到了，他就能如同水底潜龙冲腾而起，施展才干，创建功业。

虽然说"屈"是做人的大智慧，但是过度的"屈"只会让自己受气，也会让人觉得我们软弱可欺，这是绝对要不得的。

在某大学的一个班级里面，有一名同学比较胆小怕事，遇到什么事他都过分地忍让，虽然班级里的其他同学对他并无恶意，但在同学们的头脑中，自然而然地形成了就应该"牺牲"他的利益的思想。由于他过分软弱和极度忍耐，这种情况一直持续了很久。终于有一天，他忍无可忍了，原来，有同学拿走了本应属于他的演出票，他脸色铁青，激动的声音令在场的人都震撼了。爆发过后，他拿回了属于他的票，摔门而去。同学们在惊讶之余，似乎也领悟到了什么。在以后的日子里，大家对他的态度不再像从前那样，也不再未经他的同意随便拿他的东西了。

把握好"屈伸"的分寸，不过分忍让，也不过于张扬，才可以避免受人欺辱或遭人嫉恨。

自古以来，凡以弱胜强者之事，多是以智慧取胜。在什么情况下屈，在什么情况下伸，只有分清时机和形势，才能把这一智慧运用自如。

尽管走自己的路，别被别人的话击倒

每个人都应该积极和勇敢，绝不能被挫折击倒，更不能被别人挖苦、嘲讽的话击倒。

有的人在遭遇挫折时，听到别人说："这个人真是没用啊，肯定没有什么大出息。"不管说者是有意，还是无意，听者大都会把话记在心里，更有甚者，还会武断地认为"我是个百无一用的废物"，于是开始自暴自弃，结果错失种种良机。可以说，很多走向失败的人，其实是因为别人的一句又一句不负责任的话而丧失了一个又一个机会，导致人生道路越走越窄。所以，不要太在意别人的话，嘴巴长在别人的头上，我们不能强行堵住别人的嘴，但是，头长在我们的脖子上，脚长在我们的腿上，人生路，需要我们自己去走，不需要别人的嘴去妄下定论。

当别人对我们出言不逊时，不要因为他的一句话丧失信心，而应该更加积极努力，坚定地走出属于自己的路。

彼得·丹尼尔在小学四年级时，因经常打架、学习不好常遭到班主任菲利浦太太的责骂："彼得，你功课不好，脑袋不行，将来别想有什么出息。"26岁时，彼得·丹尼尔仍然识不了几个字。有一次，一个朋友念了一篇《思考才能致富》的文章给他听，他深受震动，此后就像变了一个人似的。成功后，他买下了当年他经常打架闹事的街道，并且出了一本书，书名叫作《菲利浦太太，你错了》。

与此相似，发表《物种起源》的达尔文当年决定放弃行医时，遭到父亲的斥责："你放着正经事不干，整天只管打猎、捉耗子，将来怎么办？"达尔文还在自传中透露："小时候，所有的老师和长辈都认为我资质平庸，在别人的眼里，我与聪明是沾不上边的。"可是，达尔文并没有自暴自弃，而是自强不息地进行自己喜欢的生物进化研究。

很多成功的人物，都有过类似的被别人否定的经历。法国雕塑艺术家奥古斯特·罗丹的父亲曾抱怨自己有个白痴儿子。在众人眼中，罗丹也是个前途无"亮"的学生，考了3次艺术学院都没有考上。他叔叔则绝望地说：孺子不可教也。那个时候，没有一个人会想到他能成为欧洲雕刻三大支柱之一。而著名科学家爱因斯坦4岁才会说话，7岁才会认字，老师给他的评语是："反应迟钝，思维不合理，满脑子不切实际的幻想。"并且爱因斯坦曾接到学校退学的通知，在申请到瑞士联邦技术学院深造时也被拒绝。但是，他去世后，许多科学家都在全力研究他的大脑与常人的不同之处。

生活中，有灿烂的阳光，也有阴云密布。然而，心灵是脆弱的，偶尔的风吹雨淋，也会使自己觉得碰上了世界末日。可是，当你在风雨的洗礼中稳稳地站定之后，必将重新看到灿烂的阳光，到那时，你就会觉得每一天都充满着希望。

因此，当你得到别人给你的"低度评估"时，你要用实际行动告诉他："你错了！"暂时的低落并不能说明什么，将来总有一天你会大鹏展翅，击水三千里。实际上，人生的竞赛并不亚于一场马拉松比赛，长跑中更加关键的是耐力，那些跻身第一排的起跑者，往往并不是最先到达终点的人。成功人士往往不盲信那些贬低他们的所谓的权威人士，他们有主见、有勇气、有胆量地向老一辈评论家发起挑战。

不论做什么事，相信你自己。真正成功的人，不在于成就的大小，而在于是否努力地去实现自我，喊出属于自己的声音，走出属于自己的道路。

既然无法改变环境，那就改变自己

存在的就是合理的。很多东西如果你无法改变它，那就要学会去适应它。适应环境既是一门技术，也是一门艺术，如果善于运用，即使在快速变迁的社会里，也可以获得最大的快乐和幸福。

一个很有才华的年轻人，服完兵役后回到了原来工作过的广播公司。他原以为还会像以前一样如鱼得水，发挥自己的特长。

然而，公司换了老板，自己原来主持的那档节目安排给了别人，而让他接手的是一档名叫《快乐孩子》的滑稽少儿节目，这也是全台谁都不想主持的一档节目。更要命的是，这个节目播出时间是在早上八点半和半夜，这让他难以接受。于是，他准备去找老板理论一番，争取为自己换档节目，实在不行，就辞职走人。

正当他准备去找老板的时候，他突然看到办公桌上翻开的一本书上写的一句话："适应环境，别让环境去适应你。"看着这句话，他想了许久，最终打消了去找老板的念头，接受了公司的安排，开始兢兢业业地做这档少儿节目。

在他的努力下，《快乐孩子》慢慢成为华盛顿地区最受欢迎的节目。老板对他的态度也慢慢发生了转变，最后，两人还成了很要好的朋友。

再后来，他又担任了另一档节目的主持人。几年后，他已经是美国非常著名的节目主持人，他的名字叫作威拉德·斯考特。

现在很多人遇事就抱怨，认为是周围环境不尽如人意，阻碍了自己的发展。工作没了怪单位，工资太低怪老板，人情冷漠怪同事，住房不好、交通不好、行业前景不佳等，都一股脑推给社会，把责任都推给客观因素，好像全没自己什么事，于是，主观上更加不作为。其实，人生就像一条大河，我们无法改变水流的方向，也无法控制水流的速度。我们只有两种选择，要么向前，要么后退。

每年的 7 月，非洲大草原的角马都会浩浩荡荡地组成两百万之众的洪流，向温暖的北方迁徙。它们强渡马拉河，前赴后继，毫无惧意，与鳄鱼的血盆大口和湍急的河流展开殊死搏斗。

死亡不可避免，成千上万只角马为了跨过大河、找到更新鲜的草场，在这里丢掉了性命。悲壮的迁徙已经持续了几百万年，现在和未来仍将继续。

是什么让它们如此的执着和从容？

它们无法改变环境的变化，为了生存，角马选择了改变自己。它们有四条腿，可以避开条件恶劣的环境，始终向着温暖的地方行进。

不追求微风细雨，雄鹰于骤雨狂风中学会了搏击长空；不苛求日暖水润，大树在瘠土上学会了扎根地下；不奢求两崖移近，羚羊学会了叠跃飞渡。

越是伟大的人物，所面对的环境和形势可能越糟糕，但他们认清了问题的本质不在客观，而在主观，于是，他们通过自身的改变和努力取得了成功。

珍珠，常常因为名贵而博得众人喜爱。然而，人们却很少知道珍珠是如何被蚌孕育的。当你知道蚌是如何孕育出珍珠时，你就会发觉蚌的伟大。

当沙子进入蚌的壳里时，蚌觉得很不舒服，但是又无力把沙子吐出去。于是，蚌开始把它的营养分一部分去把沙子包起来。当沙子裹上蚌的外衣时，蚌就会觉得它们是自己身体的一部分而不再是异物了。

蚌并没有大脑，是无脊椎动物，在演化的层次上很低，但是连一个没有大脑的低等动物都知道要想办法去适应一个自己无法改变的环境，把一个令自己不愉快的异己转变为可以接受的自己的一部分。我们在面对自身无法改变的环境时，更应该学会改变自己，让自己能适应环境。

当现实难以改变的时候，我们只能先改变自己，适应环境，让自己强大起来，然后再去改变不尽如人意的外在环境。这既是古人强调的中庸之道，也是现代社会的成功之道。俗语说："靠天靠地，不如靠自己。"其意正是如此。我们都想改变世界，但改变世界之前，请先改变我们自己。

死要面子活受罪，别因面子迷失了自己

中国有句古话，死要面子活受罪。由于受传统文化和观念的影响，很多人竭力维护着自己的身份、地位、名誉等"面子"，如"光宗耀祖""出人头地""衣锦还乡"等。尤其是有的人职位高了、年纪大了，面子观念更强。有的人甚至不惜采取卑劣手段以赢得面子，这类人就是死要面子活受罪的代表。

面子可以说是一种伪善的工具，从本质上来讲，它会进一步滋生人的虚荣心。爱面子、讲面子是人的一种本能，属于正常的心理需求，也是合情合理、天经地义的。然而，凡事有度，如果过分"爱面子"，甚至达到了"活受罪"的程度，面子就会走向生活与人性的负面。而那些欲望很强的人，就会使出十八般武艺将面子硬撑到底，结果得不偿失。因此，不要爱面子过了头，否则永远不会快乐。

孟子曾经讲过一个这样的故事。齐国有一个人，有一妻一妾。他每次出去，总是等到酒足饭饱以后才回来。妻子问他和谁一起吃的饭，他便大言不惭地说和达官贵人一起吃的。后来，妻子告诉小妾说："夫君出去，总是吃饱喝足才回来，我问他和谁一起吃的饭，他说的全是有钱有势的人，但我们家里不曾有富贵的人来，我想要偷偷地跟着他看看他到底去了什么地方。"于是，第二天早晨，男人出门后，妻子便悄悄地跟在他的后面，男

人走遍全城也没有一个人停下来和他说话。最后，他来到城东边的坟地，走到祭祀的人跟前，向人讨要祭祀剩下的食物，这就是他填饱肚子的办法。妻子看了很生气，回来如实告诉小妾，气愤地说："夫君是我们依赖终生的人，现在竟然这样。"言罢，两人对泣。男人不知道妻子已经知道了自己的行为，高高兴兴地从外面回来后，依然对妻妾表现出一副高傲的神态。

虽然孟子没有讲那个男人的结局如何，但我们可以想象出来，那个男人肯定不会有好的结果。

很多人认为生命可以不要，钱财可以不要，但面子不能不要。过分看重面子，过分把面子问题提到至高无上的地位，其结果就是给自己的心理增加沉重的包袱。有的人为了表现自己，常模仿名流，好出风头，或采取自我标榜、夸大，甚至戏剧化的手段，来抬高自己的地位；有的人喜欢自我炫耀，甚至使用一些偷梁换柱的"头衔""职称"，以提高自己的身份；有的人为了抬高自己，常故意贬低或攻击别人，甚至不择手段排斥、挖苦、打击报复比自己能力强的人。

而人们一旦因种种原因丢了面子，或伤了面子，个人就会启动消极的自我防御机制，即通过虚荣、浮夸，甚至偏激的手段来达到心理平衡，以维护自己的面子。如曹操杀杨修，说杨修借"鸡肋"泄露了军机，其实不过是借口，根本原因在于杨修每每看破曹操的"机关"时总要说出来，让曹操大丢面子。当今社会上的很多人也是如此，为了面子，可以"奉献"一切，结果得不偿失。有的人在酒桌上不甘落后，本来就不能喝酒，却经不起对方"激将"，"舍命陪君子"，结果喝坏了身体；有的人在单位挨了领导批评，自认为在同事面前低人一等，于是就要报复，为了出口"恶气"，挽回面子，做出极端的事情，结果身败名裂；有的人在大庭广众之下受了欺负，吃了大亏，自认为面子受损，于是以死相拼，落得鱼死网破的下场。

过分爱面子是极度虚荣的表现，其实，虚荣只不过是人们借来遮掩不良心理的一种手段。只要看开了，一切便可以一笑置之了；反之，则会成为别人的笑柄。

清朝末年，有一个人贫困潦倒，但是极要面子。一天，他肚子很饿，于是走进一家饭馆，可是他身上的钱只够买一小块芝麻饼，这对他饥饿的肚子来说根本无济于事。这时，他的目光落向掉在桌子上的芝麻屑，他很想把它们捡起来，又怕在众人面前丢脸。于是，他想出一个"聪明"的办法：以手指为笔、以口水为墨，在桌子上写字，借此动作将芝麻屑捡起来放进嘴里。但有些碎屑掉进桌缝里去了，他必须另外想办法。他假装生气，先用手掌重重地拍桌子，将碎屑震出夹缝后，接着再继续写字，把剩下的碎屑送入嘴里。饭馆内的客人看穿了他的把戏，纷纷窃笑，一个说书人还将此编成故事，四处说唱。他觉得再也没有颜面待在那里了，只好搬到了外乡居住。

在我们的生活中，很多人常常被那些优美华丽的语句冲昏头脑，却又固执己见、自命不凡，在一小块领域里死不认输，最后却输掉了整个人生。正确剖析自己，勇敢跨过面子的石墙，不是软弱，而是智慧之举。

第八章

心态决定状态，所有的状态即是人生

　　文学巨匠狄更斯说："拥有好心态，比拥有一百种智慧都更有力量。"心态决定一个人的命运，决定一个人是否成功与幸福。心态影响着一个人的行为，心态好，心情就好，会活得轻松快乐；否则，便会觉得生活是一种负累，苦不堪言。

心态比智慧更有力量，它决定着一个人的高度

如果你对自己所处的环境不满意，想努力去改变，那么首先应该改变自己的心态。如果一个人有积极的心态，并积极行动起来，那么他周围所有的问题都会被轻松解决。积极的心态是心智的养料和动力，它能让一个人充满自信、受人喜欢、知足常乐、倍感幸福，更重要的是它还能让人改变自我、改变环境、改变命运。这并不是夸大其词，也不是异想天开，心理学和成功学告诉我们：我们把自己想象成什么样子，最后往往就会变成那个样子。

当然，我们重视积极的心态并不否认消极因素的存在。我们在看待事物时，要充分考虑到生活中既有好的一面，也有坏的一面，这是不以人的意志为转移的客观事实。

人的心理很奇怪，具有某种神秘的力量，我们要敢于探索自己的心理力量。我们的心理有两部分：有意识心理和下意识心理，二者相伴相随。积极的自我暗示会自动从下意识心理把信息发送到有意识心理，并发送到身体的若干部分。我们能用健康的、积极的暗示来帮助自己，当然也能阻止有害的、消极的暗示以及消极的情绪反应。做到了这一点，我们就能在生理和心理上获得健康和幸福。

大发明家爱迪生还没有发明电灯之前，有一名记者调侃他说："现在看来，我们要用电灯照亮黑暗真是太难了，你已经失败了 1600 多次。"爱迪生并没有生气，而是微笑着说："我不是失败了 1600 多次，而是找到了

1600 多种不适合做灯丝的材料，我一定会找到那一种可以做灯丝的材料。"功夫不负有心人，爱迪生最终找到了钨丝，发明了电灯。世上本没有失败，有的只是暂时停止的成功，这种想法就是积极的心态。纵观古今中外，所有成功者的事迹都可以证明，积极的心态是成功的基石。

一个人的相貌、出身等先天条件是无法改变的，但内心状态、精神意志等是可以控制和改变的。世上没有绝对不好的事情，只有心态绝对不好的人。无论做人还是做事，心态都极为重要。爱默生说："一个永远朝着目标前进的人，整个世界都会给他让路。"很多时候，失败不是因为我们不具备实力，而是由于我们被环境左右，缺乏主见、心态不稳定造成的。只要我们相信心态的力量，调整好心态，就能勇敢地去面对和解决各种问题。心态是一种力量，我们要相信心态的力量，因为它最终能够决定我们的高度。

只要保持积极乐观的心态，就能改变人生

威廉·詹姆斯是美国著名心理学家，他说："我们这一代人最重大的发现是，人能改变心态，从而改变自己的一生。"是的，一个人的成功或失败，幸福或坎坷，快乐或悲伤，完全是由他的心态决定的。心态是我们真正的主人，它能让我们成功，也会导致我们失败。同样一件事情，两种不同心态的人去做，其结果往往相反。心态可以决定一个人的命运，不要因为不良心态而使自己成为一个失败者，要知道，成功属于那些抱有积极乐观心态并积极行动的人。

一个人要想获得成功与幸福，必须具备良好的心态。当面对事情时，抱着什么样的心态，就会有什么样的结果。

有两个人一起遥望夜空，一个人看到的是漫无边际的黑夜，而另一个

人看到的却是闪闪的星辰，这就是不同的心态导致的悲观与乐观的两种表现。

有两个年轻人同时来到一家公司面试。人事经理把第一位求职者请到办公室，问了一个问题："对于你的上一家公司，你觉得满意吗？"

这位求职者抱怨道："唉，上一家公司情况很糟糕。同事之间尔虞我诈、勾心斗角，部门经理蛮横无理、仗势欺人。整个公司毫无生气，在那里工作很不开心。因此我想换个好的地方，换个理想一点的公司。"

人事经理说："很抱歉，我们这家公司恐怕不是你理想的乐土。"于是，这个年轻人唉声叹气地走了。

第二位求职者也被问到同样的问题。他是这样回答的："我上一家公司挺好的，同事之间团结友爱、互帮互助，部门经理公平公正，而且和蔼可亲、关心下属。整个公司氛围和谐，在那里工作十分愉快。如果不是因为我想发挥自己的特长，我真舍不得离开那里。"

人事经理听完后点了点头，微笑着说："你被录取了，欢迎加入公司。"

在面对同一种境况的时候，不同的人有不同的心态。如果你满怀激情，会有一种振奋或快乐的感觉；如果你失意悲观，会有一种痛苦或失落的情绪。当自己的人生理想迟迟不能实现，或者自己的想法与行为不为别人所理解时，人都会感到孤独、迷惘、失意。现实生活和工作中的种种境遇和情绪，会使人对境况产生相同的或近似的联想、类比。英国政治家、作家狄斯累利曾说："境遇不造人，是人造境遇。所以人要时时保持乐观的心态，这样你就会发现你的周围多了一份阳光，不顺心的事也减少了。"

那么，怎样才能使自己拥有积极乐观的心态呢？可以从两个方面入手。

首先，我们要改变消极的思维方式。遇到问题或困难时，不要只看到消极的一面，认为只能这样了，也不要轻易退缩和放弃，而应该采取积极乐观的态度，勇敢地面对，从而想到解决之道。有一个故事可以给我们启迪。从前，有两个欧洲的推销员到非洲推销皮鞋。由于非洲天气炎热，当地人一向都是光着脚，更不会穿皮鞋了。一个推销员看到这样的情景后，顿时没了信心，他暗想："这里的人都光着脚，怎么会买我的皮鞋呢？还是算了吧，别白费力气了。"于是，他试都没试，就放弃了努力，沮丧地回去了。另一个推销员看到非洲人光脚的情景后，却心中暗喜："这些非洲人都没有皮鞋穿，所以这里的皮鞋市场一定有巨大的潜力。"于是他留下来，想方设法推销皮鞋，最终打开了市场，发了大财。由此可见，当我们遇到挫折和困难时，只需要改变消极的思维方式，把自己的思维向乐观的方向转一转，就可以看到希望，找到解决问题的办法。一个人如果能养成乐观的思维习惯，就能长期保持积极乐观的心态了。

其次，我们要学会自我调控情绪。保持积极向上的情绪状态，会使人心情开朗、轻松安定、精力充沛，让人对生活充满热情与信心。当然，这需要自我调控。因此，生活中应避免不良情绪爆发，遇到不好的事，要换个方式去思考，或者转移一下注意力，这样，心情就会慢慢好起来。例如，向亲朋好友倾诉，以排解郁闷情绪；自我放松，多参加休闲运动；积极参加集体活动，搞好人际关系，你会发觉快乐就在身边。

一个积极进取的人，取得成功是必然的

在动物界里，这样的故事每天都在发生：在广阔的大草原上，同时生活着羚羊和狮子。羚羊每天一早醒来，就在想一个问题：如何跑得更快一些，才不会被狮子吃掉；同样，狮子每天一早醒来，也在想一个问题：如何能比跑得最慢的羚羊更快一些，才不会被饿死。

这个故事告诉我们，工作、生活也是这样，不论你是羚羊还是狮子，每当太阳升起的时候，就要毫不迟疑地迎着朝阳向前奔跑，只有这样，才能更好地生存和发展。

对于羚羊和狮子而言，羚羊是弱者，为了生存，除了成为强者，它别无选择；狮子是强者，只有勇于挑战，才能获取食物，才能生存下去，它同样别无选择。

做人做事也是一样的道理，只有时刻保持积极进取的心态，才能取得成功。

东晋时期的王羲之，自幼酷爱书法，几十年锲而不舍地刻苦研习书法，终使他的书法艺术达到了一个高峰，被人们誉为"书圣"。

13岁那年，王羲之偶然发现他父亲藏有一本《说笔》的书法书，便偷来阅读。父亲知道后，担心他年幼不能保密家传，答应待他长大之后再传授。没料到，王羲之竟跪下请求父亲允许他现在阅读。最终，父亲被他感动了，答应了他的请求。

自此以后，王羲之刻苦练习书法，甚至连吃饭、走路都不忘练习。如果身边没有纸笔，他就在身上画写，久而久之，衣服都被写破了。有一次，他练字时竟忘了是在吃饭。家人把饭送到书房，他竟不假思索地用馒头蘸着墨吃起来，还吃得津津有味。当家人发现时，他已是满嘴墨黑了。由此可见，王羲之练习书法已达到了忘我的境界。

正是因为王羲之持之以恒，忘我地刻苦勤奋，才成就了他后来"书圣"的称号。

有这样一种常见的情形：在工作中，有些人取得了一点成绩，便得意扬扬、忘乎所以、不思进取。这些人完全忘记了自己当初为这份工作而付出了多少辛苦，等到他们失去工作时才悔不当初。我们每个人都要积极进取，这样才能充分将自己的才能发挥出来。

伟大的科学家牛顿，成就斐然，同时也诲人不倦。有一次，他给助手提出一个问题，要求助手在短时间内解决。过了很长一段时间后，牛顿想起了这件事，便向助手要答案。助手说道："真是对不起，这个问题对我来说难度太大了，我解决不了。我想，除了您没人能解决这个问题。"牛顿有些生气地说道："你根本就没有去找他人帮忙，也没有想办法去解决，你又怎么知道没人能够解决呢？我告诉你，这个问题除了你，其他人都能够解决。"最后，牛顿缓和了一下语气，对助手说："不要一遇到问题就偃旗息鼓，这是缺乏积极进取意识的表现。你应该充分发挥你的才能，直到将问题解决为止。我相信你能做到。"

事情发展的结果，主要是由一个人的态度决定的。消极的人喜欢找借口，喜欢听别人安排，把失败归咎于环境等因素。相反，积极的人总是以不屈不挠、坚韧不拔的精神面对问题与困难，总是用最乐观的精神支配自己，并积极进取，所以他们必然会取得成功。

消极的心态消耗人生，积极的心态创造人生

在现实生活中，有这样一种常见的现象：有些人能赚很多钱，拥有不错的工作、良好的人际关系、健康的身体，整天快乐地过着高品质的生活，似乎他们的生活总是比别人过得好；而有些人忙碌地工作着，却只能维持温饱，生活更谈不上有品质。其实，人与人之间并没有多大区别，但为什么有些人能够获得成功，有些人却不能呢？

心理学家研究发现，那些成功者取得成功的秘密就是"心态"。从心理学的角度解释，心态就是一个人对事物发展的心理反应和理解而表现出的心理状态和观点。一个人能够取得事业上的成功，心态占了80%，而技巧与方法只占20%。

有这样一个故事。几十年前，一个贫穷的乡村里住着兄弟两人。他们想改变贫穷的命运，决定离开家乡，到海外去闯一闯。哥哥去了当时比较富庶的旧金山，弟弟则去了当时比较穷困的菲律宾。

时光飞逝，几十年后，兄弟俩聚在一起，他们都已经今非昔比了。哥哥在旧金山拥有两家餐馆和一家杂货铺，而且子孙满堂，有些承继衣钵，

有些成了工程师或程序员等科技专业人才。弟弟则成为一位享誉世界的银行家，拥有东南亚相当分量的山林、橡胶园和银行。经过几十年的努力，他们的生活过得都不错，但就事业而言，哥哥显然不如弟弟。为什么兄弟两人在事业上的成就有如此大的差别呢？

在攀谈中，哥哥说，他到了旧金山，没有什么特别的才干，唯有用一双手煮饭给当地人吃，为他们提供洗衣服等服务。总之，当地人不肯做的工作，他统统做，生活是没有问题的，但他不敢奢望在事业上有所成就。他的子孙，书虽然读得不少，但他们也不敢妄想自己能成就一番大事业，只有做一些技术性工作来谋生。

哥哥见弟弟如此成功，不免羡慕弟弟的幸运。弟弟却说，幸运是没有的，初到菲律宾的时候，他做的也是一些很辛苦的工作，但时间一长，他发现有些当地的人比较懒惰，于是他接手了那些懒惰的当地人放弃的事业，慢慢地收购和扩张，生意便逐渐做大了。

兄弟俩的奋斗经历告诉我们：影响一个人成功与否的因素绝不仅仅是环境，更重要的是心态。心态不仅能控制一个人的思想和行为，同时也决定了他的视野和成就。

有什么样的心态，就有什么样的人生。积极的心态创造人生，消极的心态消耗人生。积极的心态是成功的起点，是生命的阳光和雨露，让人的内心变得强大；而消极的心态是失败的源泉，是生命的慢性杀手，使人受限于自我设置的某种阴影。虽然每个人的人生际遇不尽相同，但命运对于每个人都是公平的。每个人的夜空里都有星星，就看我们能不能磨砺一颗坚强的心和一双智慧的眼，透过岁月的风尘寻觅到那颗最为璀璨的星星。

要想成就事业，就要有成功的心态。培养成功的心态，才能按照自己的意愿得到回报。要记住，心态是我们唯一能完全掌握的东西，练习控制好心态，并且利用成功心态来引导行为，那么即使身处逆境，我们也会迎来"山重水复疑无路，柳暗花明又一村"的一天。

改变能改变的，接受不能改变的

有一位深受观众喜爱的女演员，她叫莎拉·伯恩哈特。71岁那年，她破产了，变得一无所有，而又有一件不幸的事情发生了。她因摔伤染上了静脉炎，导致腿痉挛，医生认为她的腿一定要锯掉，又不敢把这个消息告诉她，因为她的脾气很坏。

然而，当医生告诉她她的病情的时候，她开始有些不敢相信，但随后很平静地对医生说："如果非这样不可的话，那就只好这样了。这就是命运。"

当莎拉·伯恩哈特被推进手术室的时候，她的儿子站在一边不停地哭泣。然而她朝儿子挥了挥手，微笑着说："不要走开，我马上就回来。"

在通往手术室的路上，莎拉·伯恩哈特一直背着她演过的一出戏里的台词。有人问她这么做是不是为了给自己打气，她说："不是的，我这样做是要让医生和护士们高兴点，因为他们承受的压力很大。"

手术后的莎拉·伯恩哈特继续环游世界，在世界舞台上又风光了7年。

当我们勇于接受那些不能改变的现实之后，我们就能集中精力，创造出一种更丰富的生活。

当无法改变不幸或不公的厄运时，我们要学会接受不可改变的事实，这是摆脱不幸的第一步。即使我们不接受命运的安排，也不能改变事实分毫，我们唯一能改变的，只有自己。

很多时候，人生很残酷，充满了不可捉摸的变数。如果它给我们带来了快乐，当然是很美好的，我们会欣然接受。但事情往往并非如此，有时，它带给我们的会是可怕的灾难，这时，如果我们不能学会接受它，反而会让灾难主宰了我们的心灵，那生活就会永远失去阳光。诗人沃尔特·惠特曼这样说："让我们学着像树木一样泰然自若，勇于面对黑夜、风暴、饥饿、意外等挫折。"这才是我们面对不可改变的事实应有的态度。

有一位作家，生前总是说："人生中无论发生什么事，我都能忍受，只除了一样，就是瞎眼。那是我永远也无法忍受的。"

然而命运却跟他开了个玩笑，在他60多岁的时候，他的视力减退，一只眼全瞎了，另一只眼也快瞎了。他一生中最害怕的事终究还是发生了。

面对他自己也没想到的不幸，他并没有消沉，而是开始运用他的幽默感。当那些最大的黑斑从他眼前晃过时，他说："嘿，又是老黑斑爷爷来了，不知道今天这么好的天气，它要到哪里去？"

完全失明后，他没有悲观消极，他说："我发现我能承受视力的丧失，就像一个人能承受别的事情一样。要是我的感官全丧失了，我也知道我还能继续生活在我的思想里。"

为了恢复视力，他在一年之内做了12次手术。他知道自己无法逃避，唯一能减轻痛苦的办法，就是坦然地去接受它。他拒绝住在单人病房，要求住进大病房，和其他病人在一起，并努力让大家开心。

在每次动手术时，他尽力让自己去想：现代科技的发展，已经能够为像人眼这么纤细而脆弱的东西做手术了，这真是一件美好的事情。

一般人面对12次以上的手术和不见天日的生活，恐怕早就崩溃了，可是他没有。这件事教会了他如何忍受，这件事使他了解，生命所能带给他的，没有一样是他不能忍受的。

美国著名哲学家威廉·詹姆斯曾说："心甘情愿地接受吧！接受事实是摆脱一切不幸的第一步。"

汤姆小时候很顽皮，有一次他和几个朋友在老木屋顶上玩耍，他爬下屋顶时，在窗沿上歇了一会儿，然后跳下来。他的左手食指上戴着一枚戒指，不巧的是，往下跳时，戒指钩在钉子上，一下子扯断了他的左手食指。

伴随着一阵剧烈的疼痛，汤姆尖声大叫，非常惊恐，他想他可能会死掉。但等到手指的伤痊愈后，汤姆就再也没有为它操过一点儿心，因为他已经接受了这个不可改变的事实。

　　需要指出的是，接受现实，并不等于束手接受所有的不幸。只要有任何可以挽救的机会，我们就应该努力扭转局面。也就是说，我们要改变能改变的。但是，当我们发现情势已不能挽回时，最好不要再思前想后，不要拒绝面对，而要接受不可改变的现实。只有如此，我们才能在人生的道路上掌握好平衡。

　　许多残酷的现实是我们无法逃避、无法选择和无法改变的，我们要学会坦然接受。接受不可改变的现实，不是逆来顺受，也不是不思进取，而是一种积极的顺其自然的人生态度。有句很经典的话：改变能改变的，接受不能改变的。这句话我们都应该熟记于心。

第九章

别把自己太当回事儿，你没有那么重要

　　有人时常感觉到痛苦，因为他们把自己看成珍珠，感觉自己被埋没了。别太把自己当回事儿，其实你没那么重要，别人也没时间在乎你。只有适度地看轻自己，保持谦逊，人才会活得惬意。一个人不把自己看得太重，就不会失重；不把自己看得太高，就不会失落。

即便你是天才，也应该保持谦逊

很多时候，我们往往不是败在自己的劣势上，而是败在自己的优势上。因为劣势常能让我们认识到自己的不足，而优势却常常使我们骄傲自大。

"当我以为自己什么都懂的时候，学校颁给了我学士学位；当我觉得自己一知半解的时候，学校颁给了我硕士学位；当我发现自己竟是如此孤陋寡闻的时候，学校颁给了我博士学位。"一位学者曾经这样说道。

这位学者的话，告诉了我们这样一个道理：当一个人越谦卑的时候，他越会发现自己有所不足，就越会懂得放下身段虚心地求教，这样学到的东西也就越多。这位学者所分享的话，与我们平时所说的"越熟的麦子，头垂得越低"有着异曲同工之妙。当一个人越懂得谦卑的时候，他就会收获越来越多，进步越来越大，同时也能得到别人的钦佩。

苏格拉底是古希腊著名哲学家，他更为谦逊："就我个人而言，我所知道的一切，就是我什么也不知道。"至今仍有很多人信奉苏格拉底这句名言。是的，无论你多么伟大，无论你多么有才能，你也有不知道的东西。说"不知道"并不是就意味着你无能，反而会让你在勇敢承认不足的同时获得更多的赞誉。

有一位女教授已年近八旬，学问高深。她原是某大学的教授，会讲5种语言，读过很多书，语汇丰富，记忆力过人，而且还经常旅行，见多识广。然而，从未有人听到过她卖弄自己的学识，或对自己不了解的事情假装知道。当有人向她提出疑问时，如果她不知道的话，她从不回避说"我不知道"，也不会用自己的知识去搪塞，而是建议那人去查阅有关专著、资料，以作参考。看到女教授如此谦逊，每个跟她接触的人都真正懂得了怎样才能获得别人的尊敬。

心理学家邦雅曼·埃维特有一段精彩论述："平时动不动就说'我知道'的人，头脑迟钝，易受约束，不善于同他人交往。迅速和标准的回答，表现的是一种一成不变的老套思想，而敢于说'我不知道'所显示的则是富有想象力和创造性。"埃维特还说："如果我们承认对这个或那个问题也需要思索，或老实地承认自己不知道，那么我们自己的生活就会得到很大的提升。"

那些真正聪明的人，都有勇气承认"没有人知道一切事情"这个事实。承认自己不知道，并不能伤害他们的自尊。对于他们来说，"不知道"是一种动力，因为自己的"不知道"会促使他们去进一步了解真实的情况，从而获得更多的智慧。

很多年前，麦克在某大型公司担任公司经理。有一天晚上，公司里因有十分紧急的事，要发通告信给所有的营业部门，因此需要全体职工协助。当麦克安排一个做书记员的下属汤姆去帮忙套信封时，汤姆傲慢地说："我到公司里来不是做套信封这种工作的，那有辱我的身份，我不干！"

麦克听到这话很生气，但过了一会儿，他平静地说："既然你认为做这件事是对你的侮辱，那就请你离开公司另谋高就吧。"

汤姆气呼呼地离开了公司另寻工作。他跑了很多地方，换了好几份工作都觉得很不满意，还不如原来的公司。这个时候，他终于知道了自己的过错，于是又找到麦克，承认了自己的错误，他诚恳地说："我在外面找了几份工作，经历了许多事情，经历得越多，越觉得我那天的行为错了，尤其是我的工作态度错得很离谱。因此，我想回到这里继续工作，您还肯任用我吗？"麦克说："当然可以，因为你现在已经能听取并接受别人的建议了。"

再次进入公司后，汤姆变成了一个很谦逊的人，不再因取得了成绩而骄傲自满，并且经常虚心地向别人请教问题。最后他成为一个部门的领导。

一个人无论多么有才华和有能力，如果不能谦逊待人，就会遭到他人的反感。对于外界的排斥，尽管有些人表面上会表现得满不在乎，但是这种人心底深处还是会隐隐存在着一种被认同的渴求。因为有才华和能力的人，多多少少会有些自恋，既然自恋，就会去寻求认同，这就是人性。

这个世界从来不缺乏有才华、有能力的人，缺乏的是有才华、有能力的同时又能保持谦逊的人。

谦虚谨慎不可丢，骄傲自满不可取

中国有句古语："谦受益，满招损。"一个人自高自大，就会变得骄傲，骄傲的对立面是谦虚。反对骄傲自满和提倡谦虚谨慎，是同一件事情的两个方面。谦虚是进步的重要源泉和力量，骄傲则是前进的大敌，是导致失败的重要原因。

骄傲是一个可怕又可悲的陷阱，而且这个陷阱是我们亲手挖掘的。骄傲是一位殷勤的"向导"，专门把无知与浅薄的人带进满足与狂妄的大门，进而毁掉一个人。

文圣孔子带着很多学生到鲁桓公的祠庙里参观的时候，看到了一个可以用来装水的器皿，形体倾斜地放在祠庙里。那时候人们把这种倾斜的器皿叫"欹器"。

孔子问守庙的人："请您告诉我，这是什么器皿呢？"守庙的人回答道："这是欹器，是放在座位右边，用来警诫自己。"

孔子听后说："我听说这种用来装水的伴坐的器皿，在没有装水或装水少时就会歪倒；水装得适中、不多不少的时候就会是端正的；里面的水装满了或装得过多，就会翻倒。"说完，孔子回过头来，对他的学生们说：

"你们往里面倒水试试看吧！"学生们听后舀来了水，一点点尝试，果然，当水装到适中的时候，这个器皿便端端正正地停在那里。不一会儿，水灌满了，器皿便翻倒了，里面的水流了出来。又过了一会儿，器皿里的水流尽了，器皿就倾斜了，又像原来一样歪斜在那里。

看到这种情况，孔子长长地叹了一口气说道："唉！这世界上哪里会有太满而不倾覆翻倒的事物啊！"

"学而不厌"是孔子很得意的事，当学一门学科不曾出现"我学够了"的想法时，越学就越能体会到"旧学商量加邃密，新知培养转深沉"的妙处。

一个人取得的荣誉就像是圆形的跑道，既是终点，又是起点。不管我们曾经取得怎样的成绩，都只代表着过去，过去的就是过去了，不要因为一时取得好的成绩而骄傲，也不要因为成绩一时不理想而气馁。一个人心中有更高的追求，才有继续向前的动力。学习如逆水行舟，不进则退。只有不断地努力，才能取得更好的成绩，才能创造更美好的未来。如果取得了些许成绩就骄傲自满，不再学习，不思进取，那么迟早会有败落的一天。

每个人的人生中，都免不了风风雨雨、起起落落。有取得成功时的兴奋满足，也有失败时的痛苦沮丧。但凡取得成功的人，都是经过了艰苦的磨砺。

失败的原因有很多，有的是客观的，有的则是因为主观的骄傲自满而导致了失败。被诸葛亮挥泪问斩的马谡和大意失荆州、败走麦城的关羽都是骄傲自满的例证。

骄傲自满是要不得的，它会导致盲目自信，甚至不思进取。要时刻提醒自己，我们所走过的只是万里长征的第一步，我们所取得的只是滔滔黄河的一滴水，不能骄傲。骄傲自满是成功的大敌，我们要谦虚谨慎、戒骄戒躁。

当今社会，竞争越来越激烈，人们都在努力学习，提高自己的生存能力，以适应社会的发展。我们没有理由骄傲自满、故步自封。我们要增强忧患意识，保持头脑清醒，充分估计前进道路上可以预料和难以预料的困难和风险，进一步抓住个人发展的重要机遇，通过不断努力，去取得属于自己的成功。

把自己看轻些，你没那么重要

在漫长的人生之路上，我们要把自己看轻些。看轻自己是一种智慧，它并不是自卑，也不是怯弱，而是一种清醒。

我们每个人都很平凡，所以，千万别太把自己当回事儿。如果认为"自"己比别人"大"一"点"，这个字就念"臭"了。要永远记住：谨慎没有过头，谦虚没有界限。

很久以前，有一个中年人，平时习惯留着小胡子，有一天，他忽然把小胡子剃掉了。他想：其他人肯定会感到很惊讶，并且会夸赞我比以前清爽多了。第二天，同事们像往常一样匆匆跟他打过招呼后，都急急忙忙地去工作了。一直等到快下班的时候，还是没有一个人对他的改变做出任何评价。最后，他终于忍不住了，主动问一个同事："你觉得我今天跟以前有什么不同吗？"同事愣了一下，将他上下打量了一番，说："没什么不同啊。"另外两个同事回过头来，看了他良久，终于有一个人看出来了："哦，你以前好像留着胡子，今天胡子没了，对不对？"通过这件事，他明白了一个道理：自己没那么重要。

很多人总以为自己很重要，总认为别人都在关注着自己，所以做什么事情都显得十分刻意，有时是害怕别人指指点点，有时是希望引起他人注意。其实，很多时候，这些人都是在"自作多情"，因为大家都有自己的工作，都有自己的生活，对与自己无关的事情，没有多少人会过多关注。所以，别把自己太当回事儿，否则你会很失望。

《爱丽丝·亚当斯》的作者布思·塔金顿应邀出席一个艺术家作品展览会。在展览会上，两个可爱的十六七岁的女孩虔诚地向他索要签名。塔金顿说："用铅笔可以吗？因为我没有带钢笔。"他知道自己不会被拒绝，他只是想表现一下对待读者很谦和的大家风范。

两个女孩果然爽快地答应了。一个女孩将一个非常精致的笔记本递给他，他潇洒自如地签上了名字。这个女孩看过签名后，皱了皱眉头，然后有些疑惑地问道："你不是查波斯啊？"他骄傲地回答道："我不是查波斯，我是《爱丽丝·亚当斯》的作者布思·塔金顿。"这个女孩将头转向另一个女孩，耸耸肩说道："玛丽，把你的橡皮借给我用一下。"原来，这个女孩根本没拿塔金顿当回事儿。

真尴尬！那一刻，这个作家所有的自负和骄傲瞬间化为泡影。从此以后，他时时刻刻告诫自己：无论多么出色，都别太把自己当回事儿。

古时候，有位县令到一家小店理发。坐了一会儿，他问理发师："知道我是谁吗？""不知道。"理发师答。"知道我叫什么名字吗？""不知道。""知道我是县令吗？"理发师回答说："不知道。您是来理发的，我是给您理发的，这不就够了吗？"县令听后便不再发问了。

人要脸，树要皮。人生在世，都希望自己活得体面些，都希望别人在乎和尊重自己。

人要脸面也没什么错，但却不可拿自己太当回事儿。尤其是有名的人物，更不宜过于看重自己。如果以为"老子天下第一""舍我其谁"，就会骄傲自大、盛气凌人，结果不是不合群，就是引人反感。其实，任何人都没有什么了不起的。

曾任泰国总理的川·立派有一位勤劳的母亲，老人闲不住，在儿子当了总理之后，她还在曼谷的一家市场内摆摊卖虾仁豆腐、豆饼、面饼。有记者采访她，问她为什么还干这个。她说："儿子当了总理，那是儿子有出息，与我摆摊并没有什么矛盾。"她面对记者表示："我其实没做什么，只不过在他小时候教导他做人必须诚实、勤劳和谦虚。"

别把自己太当回事儿，并不是不要人格、品行和责任。在待人上的"当回事儿"与"不当回事儿"也是有区别的。意思就是对待自己不要太当回事儿，而对待他人则要真当回事儿。对自己不当回事儿，体现做人的谦虚谨慎、不骄不躁；对他人真当回事儿，反映待人的团结友爱、诚实守信。无论是大人物，还是普通人，都应该这样。

身份和地位越高，越要把姿态放低

真正的成功人士，属于那种成就了不平凡的事业，却仍然和平凡人一样生活着的人。他们都很谦虚，不会觉得自己才高八斗、学富五车，并洋洋自得。他们不会见人便喋喋不休地诉说自己的不幸遭遇，不会埋怨自己的上司是"妒贤嫉能之辈"，不会痛恨自己的同事是"居心叵测之人"，他们只是怀着"不以物喜，不以己悲"的心态，做着自己该做的事。

那些自以为是的人，头脑容易发热，他们往往充满自信，只相信自己是正确的，从来不接受别人的意见和劝告，认为采纳了别人的意见就等于认输了。其实，这些人是典型的外强中干，他们的固执恰恰证明了他们骨子里的自卑，正因为心虚，所以才不愿服输。

其实，那些有内涵、有魄力的人，不一定就站在智慧的最高峰。他们会忘记曾经的成功、曾经的辉煌，正视现实，不盲目蛮干，这样的人即便退居幕后，也会得到别人的敬重。

日本著名经营管理学家土光敏夫是个传奇人物。1964 年，68 岁高龄的土光敏夫就任东芝董事长。他经常独自一人巡视工厂，遍访东芝散设在日本各地的 30 多家企业。作为一家大公司的董事长，亲自步行到工厂已不同寻常，更令人惊奇的是他常常提着一升瓶装的日本清酒去慰问员工，跟他们一起饮用。这让员工们大吃一惊，有点不知所措，又有点受宠若惊的感觉。没有人会想到一个大公司的董事长，会亲自提着笨重的清酒来跟他们一起喝。因此，员工们称赞他为"捏着酒瓶子的大老板"。

这种平易近人的低姿态，使土光敏夫和员工们建立了深厚的感情。哪怕是星期天，他也会到工厂转转，与保卫和值班人员亲切交谈。他曾经说过："我非常喜欢和我的员工交往，无论哪种人，我都喜欢和他交谈，因为从中我可以听到许多富有创造性的语言，获得巨大收益。"

的确是这样，通过对基层员工的直接调查，土光敏夫不仅获得了宝贵的第一手资料，而且弄清了企业亏损的种种原因，还获得了很有价值的建议，更重要的是赢得了员工的尊重和信任。

有一个人靠着平易近人的领导风格赢得了千万美国人的尊重和拥戴，他就是美国前总统华盛顿。有一天，华盛顿穿着一件过膝的普通大衣，一个人走出了军营，由于低调所以没有人认出他来。

当他走到一条街道旁边时，看到一个下士正率领着几名士兵垒街。那个下士双手插在衣袋里，站在旁边，对抬着石块的士兵们发号施令。尽管下士喊破了喉咙，士兵们经过多次努力，还是无法把石块放到预定的位置上。

这时，大家的力气已经被耗尽了，那块难缠的石块眼看着就要滚下来。在这关键时刻，华盛顿疾步上前，用他的臂膀顶住了石块。终于，那块石块被放到了预定的位置上。士兵们热情地拥抱华盛顿，向他表示感谢。

华盛顿问那个下士："刚才你为什么不帮一帮大家呢？"那个下士背着双手，霸气十足，不可一世地说道："你是在质问我吗？难道你看不出我是下士吗？"华盛顿笑了笑，不慌不忙地解开自己的大衣纽扣，露出自己的军装，说："按衣服看，我就是上将。不过，下次再抬重东西时，你也可以叫上我。"这个时候，那个下士才知道华盛顿的身份，顿时羞愧难当、连连致歉。

在生活和工作中，有的人爱摆架子，哪怕只是当了个小小的主管，手下只有可怜的一个兵，也要把官腔打足，官架摆足，无论是说话、办事，甚至走路都装腔作势，有意显出威风、高贵、了不起的样子。其实，对于这样的人，大家都很反感。

一位深受群众爱戴的领导曾经这样说："为官不要自觉高人三等，而应自觉低人三等。"身份和地位越高的人，越要把自己的姿态放低，只有这样，才能赢得别人的信赖和敬重。

你可以有个性，但不可随意张扬

很多人认为个性非常重要，尤其是年轻人，他们最喜欢谈的就是张扬个性。他们最喜欢引用的格言是：走自己的路，让别人说去吧！时下的种种媒体，包括图书、影视作品等也都在宣扬个性的重要性。很多名人都有非常突出的个性，例如：爱因斯坦在日常生活中非常不拘小节，巴顿将军性格粗犷，画家凡·高是一个缺少理性、充满艺术幻想的人，这些名人的个性比较明显和突出。

一些名人因为有突出的成就，所以他们许多怪异的行为往往会被广为宣传，有些人甚至产生这样的想法：怪异的行为正是名人和天才人物的标志，是其成功的秘诀。其实，我们只要分析一下就会发现，这种想法是站不住脚的。

多年以前，刘冰毕业于一所名校的计算机系。那时，他是一个追求独特个性、充满抱负和野心的年轻人。他非常崇拜比尔·盖茨和斯蒂文·乔布斯这两个电脑奇才，并追随他们不拘一格的休闲穿衣风格。他相信"人的真正的才能不在外表，而在大脑"。他看不起那些为了寻求工作而努力装扮自己的人。他不仅穿着牛仔裤、T恤，还穿上了一双早已过时的黑布鞋。他认为自己独特的抗拒潮流又充满叛逆性格的装束，正反映了自己拥有独特创造性的思想和才能。

有一次，刘冰穿着自己那套"潇洒"的"盖茨"服，外加"性格宣言"的黑布鞋去面试。在他进入面试的会议室时，看到有五六个人，全部穿着西服正装。他们看起来不但精明强干，而且气势压人。而自己那不修边幅的休闲装显得如此与众不同、格格不入，巨大的压力和相形见绌的感觉使他感到羞愧。他没有勇气再进行下去，最终放弃了面试的机会。后来他说："我的自信和狂妄一时间全都消失了。我明白了一个道理，我还不是比尔·盖茨，我应该做真实的自己。"

很多名人确实有自己突出的个性，但他们的这种个性往往表现在创作的才华和能力之中。正是他们的成就和才华，使他们特殊的个性得到了大家的肯定。如果是一般人，尤其是一个没有多少本事的人，他的那些故意显示的个性，可能只会引来别人的嘲讽。

有些才华出众的人，特别喜欢张扬自我，不愿放弃自己的主张与见解，即使错了都不肯承认。这样鲜明的个性，让人无法接受，更不利于自己的发展。

那些盲目追求个性的人，可以说是不理智的。在实际生活和工作中，我们经常看到这样的现象：有人对一些不听指挥、顶撞上级或身陷困境仍然执迷不悟的顽固分子，称赞其有个性；也有人为了展示自己独特的个性，固执地坚持自己的错误观点不改正，或是做一些让人意想不到的事。他们最终的目的，就是为了显示自己的与众不同，就是为了彰显自己的个性。

人应该有个性，但不等于不要尺度。如果时时、处处、事事都特立独行，脱离群体，在世人的眼中便是另类。如果连群体都不能容纳我们，起码的交流和生活都成问题，那么成功的可能就大大降低了。

当我们在张扬个性的时候，必须考虑我们张扬的个性是什么，必须注意到别人的接受程度。如果我们的这种个性是一种非常明显的缺点，就应该把它改掉，而不是去张扬它。

当今社会需要的是有才能的人，只有我们的个性能融合到创造性的才华和能力之中，我们的个性才能够被社会接受。如果我们的个性没有表现为一种才能，仅仅表现为一种古怪的脾气，那么它往往只能给我们带来负面效应。

在生活和工作中，一个人随意张扬个性，常常会给自己带来不必要的麻烦，甚至会让自己吃亏。所以，我们应该保留个性而不张扬，尽可能与周围的人保持和谐的关系，这才是明智之举。

第十章

以平常心观不平常事，则事事平常

平常心是一种透析世情、了悟人生的智慧。世上最难得的就是平常心，以平常心观不平常事，则事事平常。能以平常心处世，自能"超然物外见真章"。世事无常，在各种磨难面前，在各种诱惑和欲望面前，若能保持一颗平常心，那么我们就能活得轻松自在，自然就能获得快乐与幸福。

保持平常心，做平常人，是一种福气

在现实生活和工作中，不可能所有的事情都会按照我们的意愿去发展，所以，我们要时刻保持一颗平常心。要淡泊名利，意志坚定，不以物喜，不以己悲，不好高骛远，不眼高手低，不心浮气躁。

慧海禅师很有智慧，也很受别人尊敬。

有一天，有人问慧海禅师："禅师，您可有什么与众不同的地方？"

慧海禅师回答："当然有。"

那人接着问："是什么呢？"

慧海禅师回答："我感觉饿的时候就吃饭，感觉困的时候就睡觉。"

那人很是不解："这算什么与众不同的地方，每个人都是这样的，有什么区别呢？"

慧海禅师回答："当然是不一样的。"

那人继续问："为什么不一样呢？"

慧海禅师说："他们吃饭时总是想着别的事，不专心吃饭；他们睡觉时也总是做梦，睡不安稳。而我吃饭就是吃饭，什么也不想；我睡觉的时候从来不做梦，因此睡得安稳。这就是我与众不同的地方。"

慧海禅师继续说道："世人很难做到一心一用，他们在利害得失中穿梭，囿于浮华的宠辱，产生了'种种思量'和'千般妄想'。他们在生命的表层停留不前，这是他们生命中最大的障碍，他们因此而迷失了自己，丧失了'平常心'。要知道，只有将心灵融入世界，用心去感受生命，才能找到生命的真谛。"

那人听后，点头道谢，似有所悟。

什么是平常心？平常心就是想睡就睡，想坐就坐，想吃就吃。夏天找个阴凉的地方，冬天则坐在火炉边。吃饭时只是吃饭，睡觉时只是睡觉。这样就不会陷入各种妄念之中。一心一用，心无杂念，这才是真正的平常心。

卢梭是法国著名的启蒙哲学家，他认为，一个人之所以难以保持平常心，是因为欲望太盛的缘故。他说："10 岁时被点心所俘虏，20 岁时被恋人所俘虏，30 岁时被快乐所俘虏，40 岁时被野心所俘虏，50 岁时被贪婪所俘虏。人到什么时候才能只追求睿智呢？"一个人的内心不清静，太在意别人的看法，就会导致无法保持平常心。

千万不要小瞧不起眼的平常心，它的作用很强大，它能于失不恼，于利不贪，于得不骄；它能抗拒虚荣的诱惑，使我们彻悟人生的真谛，进入宁静致远的人生境界。

古人言："君子安贫，达人知命。"一个人要想正确认识自己，正确认识人生，保持一颗平常心是十分重要的。平常心即布衣之心态，宁可清心自在，也不求富贵多忧。这不仅是一种生存的智慧，是一种战胜自我的豁达和大度，更是为人处世之道。

在生活和工作中，难免会遇到一些不如意的事情，这时也正是最能体现一个人修养高低的时候。我们要能在逆境中保持平常心，在受到不公平待遇时沉得住气。

每个人的一生都不是阳光灿烂的，很多时候要面对命运的挑战。在不幸和困难面前，我们不仅要有不屈和积极的人生态度，更要时常保持一颗平常心。

明代作家洪应明所著《菜根谭》中有这样一句名言："真味只是淡，至人只是常。"意思是说，真正的美味是清淡而平和的，德行完美的人能够保持平常心，其行为举止与普通人也是没有什么区别的。

无论是做人还是做事，我们都应保持平常心。一时的成功不值得骄傲，那不过是人生的一个驿站，我们不知道走出驿站的下一步会是什么。偶尔的失败更不值得伤心，那只不过是不小心走错的一段路，纠正过后便能从头再来。一年四季里，有风和日丽也有雷电交加，要明白这样一个道理，只有狂风大雨才能洗去空气中的尘埃。这便是平常心，当我们以一颗平常心走过人生的风风雨雨，才能收获丰硕的果实。

有求则苦，无欲则刚

古人有训："有求则苦，无欲则刚。"这句话告诫我们，做人做事不能太贪心。一个人如果贪欲太多，可能会永远生活在水深火热之中；而不贪的人常常因为很容易得到满足，所以永远生活在一种幸福里。

有人说，这个人能力很强，什么都好，就是爱财、贪财，尽管他很了不起，但在"欲"面前他就变得"软"了。他会拜倒在金钱面前，刚性全无。欲望的驱使，就像鱼儿只见食而未见钩，假如不能抑制自己的欲望，那么我们同那些鱼儿其实也没有什么区别。

"事能知足心常惬，人到无求品自高。"这是清代陈伯崖写的一副联书。李叔同曾经写过一首赠友人的诗，诗中便引用了此联。这里说的"无求"，不是说对学问的漫不经心和对事业的不求进取，而是告诫人们要摆脱功名利禄的羁绊和低级趣味的困扰，有所不求才能有所追求。

从前，有一个年轻人从家里到一座寺院去。在路上他遇到了一件有趣的事，就想以此来考考寺院里的老禅师。

他来到寺院后，与老禅师一边品茶，一边闲聊。聊着聊着，年轻人突然问了老禅师一个问题："什么是团团转？"老禅师随口答道："皆因绳子未断。"年轻人听到老禅师这样回答，而且回答得这么快，感到很惊讶。老禅师问："什么事使你如此惊讶？"年轻人说："我惊讶的是，您是怎么知道的呢？我今天在来的路上，看到一头牛被绳子穿了鼻子，拴在树上，这头牛想离开这棵树，到草地上去吃草，谁知它转过来转过去都不得脱身。我以为您既然没看见，肯定会答不出来，哪知您出口就答对了。"老禅师微笑着说："你问的是事，我答的是理，你问的是牛被绳子缚起而不得解脱，我答的是心被俗务纠缠而不得超脱，一理通百事啊！"

年轻人顿时大悟：名、利和欲都是绳子，牛因为想去吃草，却为此不得脱身，而有些人却因各种欲念太重而无法自拔。人生之所以有诸多烦恼，都是因为这欲望的绳子斩不断、理还乱而引起的。

人生经过磨砺，心灵有所沉淀的人，面对表象的浮华只会觉得有如千帆过尽后的索然与无味，似乎已经看破红尘达到了闲云野鹤的境界。真的可以这样吗？答案是肯定的，在我们花掉大半生的时间努力工作、光荣退休后，我们更会明白这些道理。

一个人不可能没有欲望，没有所求。而要想把"人"字写正确，我们就需要不断修炼自身，运用智慧，使自己成为一个私欲恬淡的人。

一个人什么都不去乞求才不会有苦，若有所求，必有所苦，而欲则是求的本源。有所求是好的，但做什么事情都不要太过，欲望不可太多，无求品自高。能做到这些，才是一个真正有智慧的人。

吃得亏中亏，方得福外福

人生在世，没有哪个人不吃亏，只是迟早与大小的差别。谁敢拍着胸脯说："我就吃不得亏！"同样，也没有哪个人会说："我从来没有吃过亏。"谁也没有这样的幸运。

人总是想占点小便宜，这是人性使然。但是并非所有的便宜都可以轻易占有，很多便宜的背后隐藏着阴谋。相反，肯吃亏的人，有时可以躲避祸灾，这样的人在宽怀大度、吃亏是福里过着幸福的生活。上天是公平的，它让你在这方面有所失，必然会让你在别的方面有所得。

有这样一个故事：有甲、乙两个小鬼要到人间投胎，阎罗王要他们选择过"获得"或"付出"的人生。结果选择"付出"人生的甲，投生在一个富贵人家，终其一生乐善好施；选择"获得"人生的乙，却投生在一个以乞讨为生的人家，其一生皆乞讨流浪。

这则小故事告诉我们：一个人只有懂得付出，不斤斤计较，才能拥有富足的人生；相反，如果只知道获得，却吝于付出，必定一生贫穷。因此，吃亏未必亏，惜福才有福。

那些不能吃亏的人，永远生活在是非纷争之中，每日斤斤计较，心力疲惫，势必会失去更多。那些肯吃亏的人，心胸豁达，在人际交往中，深受大家欢迎，往往能一生平安，顺遂幸福。因此，吃亏是福，做人要肯吃亏，要吃得了亏。吃亏不仅是一种胸怀、一种风度，更是一种豁达、一种超越。

传说"吃亏"这个词语的来源是这样的：从前，有个叫李三的人，因为赌博而倾家荡产，最后流落街头，沦为乞丐。有一次，他已两天没吃过一口东西了，再不吃东西就得饿死。他想了个主意，即使被打死，也要做个饱死鬼。李三来到一家饭馆，对掌柜的说："给我来个'亏'，我好长时间没吃'亏'了！"老板听后，一下子愣住了："什么是'亏'？这个'亏'怎么做？""你们这么大个饭馆，连个'亏'都不会做，真没水平。我告诉你们，把面和好，擀成饼，把肉馅放在饼上，卷起来放到笼屉上蒸，一袋烟的工夫就做好了。"老板赔笑着说："客官，那您慢慢喝茶，一会儿'亏'就好了。"不久，"亏"出屉了。饿急了眼的李三顷刻间将几屉"亏"一扫而光，然后趁老板不注意，溜之大吉。老板发现后，着急地说："那人吃了我的'亏'还没给钱呢！"众人知道原因后，对老板开玩笑地说道："人家吃了'亏'，为什么还要给你钱？这是你亏欠人家的，吃你的是应该的，还管人家要什么钱？"

此后，吃亏就成了一句口头语流传下来。且不论这个来源是否可靠，这个故事本身就很有意思：吃了"亏"的人却得到了满足，奉献"亏"的老板却沮丧至极，有苦说不出。虽然这里的吃"亏"和我们现在所谈的吃亏意义不同，但其中"吃亏是福"的道理却是异曲同工。

西汉时期，有一年过春节，皇帝给朝臣们发福利，给每位大臣一只羊。可羊有大小、肥瘦之分，负责分羊的人犯了难。正当他十分为难之际，其中一名姓范的大臣走进羊群，牵了一头既小又瘦的羊走了。其他大臣看到这种情况，深受感染，于是摆在大家面前的一道难题迎刃而解了。这名姓范的大臣，因此受到了众大臣的尊敬。皇帝了解情况后，对其委以重任。牵一头瘦小的羊其实吃不了多大的亏，而结果呢？他声名鹊起，还受到皇帝的器重，真是吃得亏中亏，方享福外福。

其实，人生一世，功名利禄，生不带来，死不带去。如若事事斤斤计较，只是给自己增加烦恼和痛苦。一个人只有看淡得失，放下名利，秉着吃亏是福的心态，才能坦然享受人生的乐趣。

得失都是平常事，坦然面对才释然

生命是美丽的，不是因为美丽我们才活着，而是因为我们活着，生命才变得美丽。坦然面对得与失，我们就会在得到的时候懂得失去的必然；也会在失去的时候懂得如何找回自我。

在日常生活和工作中，得到与失去时刻围绕着我们。可人们通常都习惯得到，而害怕失去，这已经成为一种惯性思维。当然，为了美好的生活，我们的确应该努力追求用智慧和汗水创造出的成果。然而，我们也应该坦然地看待得失。

坦然面对得失，说起来简单，可是真正做起来却是非常不易的。人往往总是对自己得到的东西觉得是理所当然，而对没有得到或失去的东西耿耿于怀。

雨婷活泼开朗，毕业后在一家化妆品品牌专柜做营业员。组长是个不苟言笑的女人，对人非常挑剔，从第一天上班开始，雨婷就一直受着组长的气。上班时间要比别人早，下班时间要比别人晚；妆化淡了说不尊重客人，化浓了说她轻佻；吃饭时间只给半个小时，参加自学考试也不通融时间。最令雨婷气愤的是，有一次她因为经验不足出了点小差错，组长就在会上当着全部门员工的面把她骂得狗血淋头，雨婷当场失声痛哭。

换了其他人，也许会申请换个部门，甚至愤然辞职。但雨婷不是那种处处计算得失的人，她不记仇，哭过就算过去了，顶多在同事聚会时，学学组长发嗲的声音和走路的样子嘲弄一番。她对自己的工作，还是一如既往地尽量做好。终于，一年半后，她的业绩跃居小组第一，因工作出色被公司升为区域主管，后来升为经理。

雨婷心胸豁达，对工作热情高涨，心里有自己的目标，为了前途不在乎一时的委屈，也没有报复之心，一切以工作为重，因此取得了后来的成就。

像雨婷一样，在工作中超脱一些，表面上失去了眼前的利益，其实得到的更多——豁达的心境、融洽的人际关系、更多的晋升机会……忍耐虽然是痛苦的，但它的果实是甜蜜的。

苏柠大学毕业后进入了一家很大的广告公司。因为在学校里学到的东西在实际应用中既不够用也不管用，致使办事成功率很低，出错率很高，再加上有时同事的失误也算到她的头上，苏柠为此常常受到责罚。苏柠并不计较，也不为自己争辩，只是努力工作。慢慢地，苏柠遭领导训斥的次数越来越少了。再后来，领导对苏柠越来越重视了，因为苏柠成了公司的骨干，搞策划、写文案、平面设计等她都很拿手，她还在专业领域获得了很多奖项，成了公司的台柱子和金字招牌。当然，苏柠的工资和奖金也高出别人好几倍。苏柠能取得如此的成就，是当初不计较一时得失的结果，也是沉得住气埋头苦干的结果。

很多时候，人总是左顾右盼，往往会花很多时间去了解别人，却忽视了自身的价值。也有人透支了自己的生命去换取财富，却忘记了财富买不回自己有限的生命。生活如果说累的话，一小半源于生存，一大半则源于互相攀比。其实，对生活的状况及别人的行为要求越少的人，就越容易快快乐乐地生活。

在一辆行驶中的列车上，一位母亲刚买的新鞋不慎从窗口掉下去一只，周围的旅客无不为之惋惜，不料这位母亲竟把剩下的那一只也扔了下去。众人大惑不解，她却淡然一笑："鞋无论有多昂贵，剩下一只对我来说已经没有什么用处了，把它扔下去却可能让捡到的人得到一双新鞋，说不定他还能穿呢。"这位母亲的举动看似反常，其实非常智慧，与其抱残守缺，不如果断放弃。

有些时候，为了成就一番事业，我们不得不放弃一些感官的享受。有些时候，为了更好地实现自己的人生目标，我们不得不舍弃一些东西。尤其是为了尊严，有时不得不舍去一些利益。

我们常常因为失去而郁郁寡欢，同样，我们也常常会因为得到而欣喜不已，这两种心态会直接导致人的浮躁，我们应该予以摒弃。人生不会总是在失去什么，也不会总是在得到什么，有失有得是一种规律，我们应该坦然地面对得与失。

不要再为痛苦的昨天懊悔，而应该学会笑着面对未来，努力地活出自己亮丽的人生。记住该记住的，忘记该忘记的，感恩得到的，释然失去的，笑对未来的。唯有如此，我们才能做一个能坦然面对得失的人。

宠辱不惊，坦然面对人生起伏

很多人遇到变故时，常用一个词语来自我勉励，那就是"宠辱不惊"。

做人要做到无论别人怎么看待你、对待你，都不要太往心里去，也不要因个人得失而心神错乱。无论别人如何看重你、夸奖你，你都不能得意忘形；无论别人怎样羞辱你、打击你，你也不要心怀怨恨。这是修身之道，用一句话说就是：保持一颗平常心，做自己该做之事。

唐高宗总章初年，卢承庆是吏部尚书，负责朝廷文武百官的考核选拔工作。这时，有一名负责督运朝廷物资的官员因途中遭遇大风浪，以致损失了大量粮食。卢承庆在为他做考评时批示说："督漕运却损失粮食，评为中下等。"这名官员听后泰然自若，没做任何辩解就退了下去。卢承庆感觉此人有雅量，值得尊重，继而一想："损失粮食在于天灾，不是他个人的责任，也不是他个人力量所能挽救的，评为'中下等'恐怕不合适。"遂决定将其考绩评为中中等。

谁知这名官员知道此事后，仍如上次那样沉稳，既没有说一句感谢的话，也没有任何惭愧的意思。卢承庆见他如此这般，非常赞赏。最后便将其考绩改为："宠辱不惊，评为中上等。"这名官员面对政绩考核宠辱不惊，使卢承庆深受触动。后来，卢承庆本人经历也很坎坷，但他的心境始终平静如水，并不因命运的起落无常而改变自己做人做事的原则。

其实，每个人的人生本没什么定式，起起伏伏很正常，能够坦然面对才是明智之举。羞辱也好，荣耀也罢，都不过是过眼云烟，做好自己该做的事情就行了。

享誉世界的著名物理学家居里夫人把荣誉看得很淡。她在第一次获得诺贝尔奖之后，毅然将原来的100多个荣誉称号统统放弃，专心研究，终于又第二次荣获了诺贝尔奖。有一天，一位朋友来她家做客，见居里夫人正全神贯注地做实验，她的女儿们则在一旁玩得不亦乐乎。这位朋友发现，孩子们手里的玩具竟是一些精美的奖杯和奖牌。他随意拿起一块，看后不由得大吃一惊："这么珍贵的东西，代表极高的荣誉，你怎么能随便让孩子拿着乱玩呢？"原来，他手里拿的正是一块价值连城、绝无仅有的英国皇家学会刚刚颁发给居里夫人的一枚金质奖章。居里夫人听后，笑了笑说："我是想让孩子从小就知道，荣誉就像玩具，只能玩玩而已，绝不能永远守着它，否则将一事无成。"居里夫人对待荣誉的这种态度为后人做出了典范。

人活一世，难免会遇到宠辱，但由于人的胸襟、境界不同，当宠辱来临的时候，其表现也会有所不同。

宋朝时有个人，因自己穿的棉袍被宋徽宗赵佶的御手摸过，便将赵佶的手形绣在棉袍上，穿着它到处炫耀。他的一只胳膊被皇帝握过，他便以黄帛把皇帝握过的地方包缠起来，给人作揖时，那只缠着黄帛的胳膊连动都不敢动。这个人因为受到一点皇帝的恩宠而四处炫耀，这种荒唐的举动，可悲又可笑。

还有一些人，不堪承受人生的失意，看不到光明，因此走上绝路。伟大的诗人屈原就是这样。他为国家倾尽心力，却由于上官大夫等人的挑拨而被楚王疏远，后来又被放逐。他悲愤欲绝，在汨罗江结束性命，以身殉了自己的政治理想。假如他能坦然面对一切，振作精神，坚持到底，也许能有更大的作为。怎奈他陷入悲愤的情绪里，最终自沉江底，虽然可敬，但也可惜、可叹。

其实，人生在世，我们都在为了各自的追求和目标不停地忙碌着。生活时而顺利时而坎坷，很少会有一帆风顺的事情发生。但无论发生什么，我们都要明确自己的生存价值，坦然面对人生的大起大落和成败得失。

第十一章

别总是拿自己与别人比较，尤其是无聊而盲目的攀比，只会让自己心理不平衡。不在自己心中强求别人，不在别人心中修行自己。与其羡慕别人，不如经营好自己，释放自己的光彩。人生如行路，一路艰辛，一路风景。请记住，你才是风景里的主角！

不在自己心中强求别人，
不在别人心中修行自己

羡慕别人的生活，不如欣赏自己的幸福

总是羡慕别人，这大概是人的一种天性，只是程度不同而已。孩子会仰慕大人的成熟稳重，大人会顾念孩子的清纯率真；女孩会向往男孩的坚强豪放，男孩会偷偷羡慕女孩的温柔灵动；普通人会艳羡名人的卓越显贵，名人则期望普通人的平凡自在。

有这样一则寓言。猪说："假如让我再活一次，我要做一头牛，工作虽然累点，但名声好，让人爱怜。"牛说："假如让我再活一次，我要做一头猪，吃罢睡，睡罢吃，不出力，不流汗，活得赛神仙。"鹰说："假如让我再活一次，我要做一只鸡，渴有水，饿有米，住有房，还受人保护。"鸡说："假如让我再活一次，我要做一只鹰，可以翱翔天空，云游四海，捕兔杀鸡。"

俗话说："人生失意无南北。"宫殿里会有悲情，茅屋里也会有笑声。有很多我们一直在意、羡慕的东西，在别人那里也许根本就不算什么。其实，我们没有必要将自己的眼光一直投放在别人身上，多关注自己，欣赏自己的人生，我们才能体会生活的快意。

有这样一个故事。在一条河的两岸，一边住着普通的农民，一边住着僧人。农民看到僧人每天无忧无虑，只是诵经撞钟，十分羡慕。僧人看到农民每天日出而作、日落而息，也十分向往那样的生活。日子久了，他们都各自在心中有一个愿望：到对岸去过对方的生活。

终于有一天，农民和僧人达成了协议。于是，农民过起了僧人的生活，

僧人过上了农民的日子。几个月过去了，成了僧人的农民发现，原来僧人的日子并不好过，悠闲自在的日子只会让他们感到无所适从，便又怀念以前当农民的生活；成了农民的僧人也体会到，他们根本无法忍受世间的种种烦恼、辛劳、困惑，于是也想起做僧人的种种好处。又过了一段日子，他们各自心中又开始渴望着，希望回到原来的生活当中去。

作家王延群认为，羡慕是一个十字路口，向左通向欣赏，向右通向妒忌。乘着羡慕的快车驶向欣赏的站台是福分，驶向妒忌的站台是灾难。积极而有分寸的羡慕能够提升一个人的品质，而消极且无节制的羡慕只能诱人堕落。因此，羡慕别人没有错，但不要轻视自己，迷失自我。

张琦公司有不少女同事都嫁给了有钱人，住着大房子，开着名车。张琦很羡慕她们挥金如土的生活，羡慕她们可以四处旅游，可以眼都不眨地买名牌服装。羡慕的结果是张琦看自己的老公越来越不顺眼，越来越觉得他没本事、没能力，不能给自己富足的生活。因此，张琦对自己的老公不是抱怨就是吵闹，最后，他竟然不顾孩子，离家出走。后来她离了婚，如愿以偿地嫁给了一个有钱人。

张琦终于和那些女同事一样有钱了，可是有了钱的日子并没有给她带来幸福和满足。最初的日子，张琦因为不需要考虑价格就能买名牌服装而窃喜，因为住上了大房子、开上了名车而倍感快乐，可是这样的日子没有持续多长时间，张琦开始觉得空虚。老公虽然有钱，可总是到各地出差，根本没时间照顾她，而且老公身边总是围绕许多女人，这让张琦觉得非常没有安全感。她开始想念从前的生活，一家三口相依相守，其乐融融。现在的张琦常常是一个人守着一栋空空的大房子，在空虚和后悔中度日。

有人说过这样一句话："别人是我们眼中的风景，但他们脚下的泥泞只有他们自己才知道。"我们不要羡慕那些看上去很幸福的人，因为我们不知道他们背后的悲伤。达官贵人表面上令人羡慕，但深究其里，每个人都有一本难念的经，甚至苦不堪言。

其实，一个人能来到这个世界上就是一种幸运，有一个好身体更是一种福气。无论你是谁，身在何处，一定会有很多熟识的或陌生的人在羡慕着你。试想，我们在羡慕别人的同时，自己也是别人眼中的风景，那么，我们就会心平气和一些、心满意足一些。

与其在对别人的羡慕中度日，不如关起门来创造自己的幸福，总是去羡慕别人的人，他的人生是失败的，只能给自己增添痛苦和伤害，只会给自己造成迷茫和不安。不要去羡慕别人，细数自己的幸福，我们的人生才会快乐、豁达，生活也才会闪烁出光芒。

事事都攀比，是给自己找不自在

大多数人都会有攀比的心理，只是轻重问题。合理的欲望是正常的，也算不上什么攀比，只有超过人的正常欲望，想得到自己无法得到的东西，才是病态的攀比。

女人是一道风景线，女人之间如果没有相互攀比、争奇斗艳，风景可能会黯淡很多。但是，假如不考虑自身的经济条件，盲目攀比，那就是虚荣。过分的虚荣往往会使很多男人精神紧张，甚至不堪重负，发出"爱攀比的女人太恐怖"之类的感叹。

丽丽是个特别喜欢和别人攀比的女人。看到邻居家的老公给妻子买了钻戒，她就嚷嚷着让丈夫晓海也给自己买。考虑到刚结婚手头不宽裕，晓海说等条件好点了再买。可丽丽不依不饶，晓海只好悄悄跟朋友借了9000元买了钻戒。

后来，邻居家的老公被单位提拔为部门经理，丽丽就埋怨晓海窝囊，还硬逼着晓海去报考研究生。晓海认为过日子没有必要总与别人比，坚决不同意考研。丽丽就说他胸无大志，没有出息。

最让晓海受不了的是，几年后邻居家的孩子进了一所重点小学，丽丽就要求晓海把自己的孩子也弄进重点小学。晓海用尽一切办法还是没能让孩子进入重点小学。于是，在丽丽口中，"没出息"三个字就成了晓海的代名词，丽丽还经常当着孩子的面数落晓海。

邻居家购买了一套120余平方米的新楼房，丽丽一听说，就逼迫晓海跟他的父母和兄弟姊妹借钱买房。可看到多病的父母和经济状况也不好的兄弟姊妹，晓海始终开不了口。对此，丽丽竟挖苦他说："连个大房子都买不起，还配做男人？"

毫无疑问，他们的婚姻最终走向了破裂。

曾有一首打油诗这样写道："世人纷纷说不齐，他骑骏马我骑驴。回头看到推车汉，比上不足下有余。"大富豪比尔·盖茨也说过："人生来是不平等的。"既然不平等，人与人的差距在攀比之时就显而易见了。看看别人，比比自己，往往就这样比出了愁闷，比出了羡慕嫉妒恨，于是，在攀比中自己的心情变得很糟糕。

如果一个人和比自己成功的人攀比，能够以对方为榜样，向别人学习，也是件好事。通过比较，认识到自己的不足，然后加以改正和完善，这样的攀比倒是有积极意义的。但很多人的比较是消极的，看到别人强的地方后，并不是努力进取，而是不断地埋怨自己，甚至认为自己一无是处。

有句俗语说："人比人，气死人。"人比人并不可怕，可怕的是盲目攀比，什么都比，这样比不但没有意义，还会产生一系列心理问题。比上不足，比下有余，保持一种平和的心态，才是正确的人生态度。其实，有时候退一步想，生活中有很多事情原本不需要太在意，如果太在意的话，除了自我折磨以外，并不会产生任何积极的结果。

人与人之间的生活是有差别的，而攀比之心又加剧了差别，这往往给人生的快乐打了不少折扣。如果专拿自己的弱项、劣势去比人家的强项、优势，比得自己一无是处，那样会身心疲惫、心理失衡。我们要把眼光放低一点，学会俯视，多向下比一比，这样生活就会多一份满足，多一份快乐。

一个人攀比心理的产生，可能与小时候的生活有关。很多父母尽可能地满足孩子的需求，不管孩子是否真的需要，只要别人有的自己的孩子也要有，还不能比别人差，这样是培养不出有选择能力的孩子的。缺乏选择能力，是攀比心理的助长剂；只有懂得选择的人，才不会有攀比心理，因为他知道自己真正需要什么，不需要什么。因此，克服攀比心理的首要条件，是培养选择能力。当你想要与别人攀比时，先问问自己：这是我需要的吗？这些能给我带来幸福吗？

理性地分析生活，你就会发现，其实终其一生，生活对每个人都是公平的、公正的，没有偏袒，没有永远的赢家，也没有永远的输家，这犹如自然界中梅逊雪白、雪输梅香，长青之树无花、艳丽之花无果一样。

一个心理健全的人，偶尔感到不愉快、不舒畅，对一些过去的事愧惜和悲伤，这些都是正常的。但总的态度都应该是积极的，想得开，放得下，朝前看，从琐事的纠缠中超脱出来。如果对生活中发生的每件事都拿来和别人做个比较，既无必要，又破坏了生活的情趣。

如果一个人事事都与人攀比，其实就是给自己找不自在。与其事事攀比，还不如走好自己的路，让别人去羡慕吧！

经营自己的长处，是在为你的人生增值

在古希腊的戴尔波伊神托所的门口矗立着一块古老的石碑，上面写着醒目而发人深省的几个大字："认识你自己！"这句名言被著名的思想家卢梭称赞为"比伦理学家们的一切巨著都更为重要、更为深奥的至理名言"。认识你自己，发现并经营自己的长处，只有这样，你才能更准确地发现自己的最大的才能，找到最迅捷的到达目的地的途径。

丹麦某医药跨国公司在进驻中国的时候，北京某区域当时的地价非常

便宜。有中国员工建议公司可以投资地产，并预言某个位置以后肯定会抢手。第二天，老板召集全体员工开会，向员工陈述公司发展的历程，并强调"专注"于自己擅长的领域才能获得成功。公司曾经面对很多诱惑，但从来没有偏离自己的方向。后来，员工建议投资的那个区域的地产果然炙手可热，但该公司却已发展成为本领域占世界市场份额一半以上的公司。

该公司的成功在于它能认识到自己的长处，并且懂得经营自己的长处。

唐托德·希尔顿是希尔顿国际饭店集团的创始人，是闻名遐迩的企业家，他喜欢给人讲述这么一个故事。希腊一个穷困潦倒的年轻人，到雅典一家银行去应聘守卫的工作，由于他除了自己名字之外什么都不会写，自然没有得到那份工作。失望之余，他借钱渡海去了美国。很多年后，一位希腊籍大企业家在华尔街的豪华办公室举行记者招待会。在招待会上，一名记者提议要他写一本回忆录，这位大企业家说："这不可能，因为我根本不会写字。"所有在场的记者都很吃惊。这位企业家接着说："万事有得必有失，如果我会写字，那么我今天仍然只是一个守卫。"这位大企业家就是当年那个应聘守卫工作的年轻人。

美国作家马克·吐温也是一个很好的例子。马克·吐温曾经有过失败的经商经历，第一次他从事打字机的投资，因受人欺骗，赔了19万美元；第二次办出版公司，因为是外行，不懂经营，又赔了10万美元。两次共赔了近30万美元。他不仅把自己多年用心血换来的稿费赔了个精光，而且还欠了很多外债。

这个时候，马克·吐温的妻子奥莉姬帮助了他。她深知丈夫没有经商的才能，却有文学天赋，便帮助他鼓起勇气，振作精神，重新走上创作之路。终于，马克·吐温摆脱了失败的痛苦，在文学创作上取得了巨大成功。

世界上的工作有千百种，它们对人的素质要求各不相同，一个人做不了这个可以做那个，只要肯做，总可以找到适合自己的工作。因此，对一技之长保持兴趣是相当有必要的，即使它不怎么高雅入流，也可能是改变命运的关键所在。

"尺有所短，寸有所长"，每个人都有自己的长处和短处。如果你能经营自己的长处，就会为你的人生增值；反之，如果你总在经营自己的短处，就会使你的人生贬值。

学会善待自己，才能对得起自己

享誉世界的服装设计大师皮尔·卡丹有一句话说得很好："不要对自己不满意，更不要虐待自己，这是一种很不明智的做法。"我们要学会善待自己，这样才能对得起自己。

曾经有一位心理学家做过这样一个实验。他先让 10 个人待在一个封闭的房间内，然后让他们分别在一张纸上写出在未来一个星期预测发生的最令自己烦恼的事情，写完后让他们离开房间回家继续生活。一个星期后，对这 10 个人的调查显示，他们所写在纸条上最令他们烦恼的事情中，70%以上并没有发生，另外一些所预料的烦恼的事情虽然发生了，但其烦恼程度并没有想象中的那样痛苦和难以解决。以上实验充分证明了这样一个道理：烦恼往往是人自己给自己制造的心理负担，在很多情况下的确是自寻烦恼。

人似乎总是习惯提前沉浸在未来可能发生的烦恼之事中，这样的结果往往是无形中将自己永远束缚于烦恼之中，令自己整日忧心忡忡，陷入烦恼无法自拔，逐渐远离快乐。

生活固然有各种苦辣酸甜，但是更多时候，是我们自寻烦恼。名声、财产、权力等都是身外之物，人人都可求而得之，但是所有的东西都无法与我们的幸福相提并论。如果一个人真正意识到了这一点，就会明白：善待自己，我们的人生才会更有意义。

很久以前，一位诗人去旅行，出发没多久，他就听到路边房子里传来一阵悠扬的歌声。那是一个男人快乐的声音。他的歌声实在太快乐了，像秋日的晴空一样明朗，如夏日的泉水一样甘甜，任何人听到这样的歌声，都会马上被感染，变得快乐起来。

诗人停住了脚步，仔细聆听起来。过了一会儿，歌声停了下来，一个男人走了出来，他的微笑甚至比他本人出来得更早。诗人从来没有见过一个人笑得这样灿烂，他笃定地认为，只有一个从来没有经历过任何艰难困苦的人，才能笑得这样灿烂与美好。

诗人走上前说道："你好，先生，从你的笑容就可以看得出来，你是一个与生俱来的乐天派，你的生命一尘不染，你既没有尝过风霜的侵袭，更没有受过失败的打击，烦恼和忧愁也与你无缘……"

然而，这个男人摇摇头说道："不，你错了，其实就在今天早晨，我还丢了一匹马呢，那是我唯一的一匹马。"

诗人问道："最心爱的马都丢了，你还能唱得出来？"男人笑了笑说："我当然要唱了，我已经失去了一匹好马，如果再失去一份好心情，我岂不是要蒙受双重损失吗？我才不会去自找烦恼呢！"男人的乐观心态让诗人感触颇深。

不论是幸运或不幸的事，人们心中习惯性的想法往往占有决定性的地位。有句名言说："穷苦人的日子都是愁苦；心中欢畅者，则常享丰筵。"这句话的意思是告诫世人，世界上真正的苦难就是自寻烦恼，我们要保持良好的心态，善待自己。

善待自己，也就是不要虐待自己。在最痛楚、最孤立无援的时候，在我们独立支撑着人生的苦难，没有一个人能为我们分担的时候，我们要学会自己送自己一束鲜花，自己给自己一个明媚的笑容，然后怀着美好的情感和愿望活下去，坚定地走过一个又一个美好的日子。

别人可以对不起我们，但我们不可以对不起自己。对自己好、珍惜自己、爱自己，是人生最基本的要求，也是对自己负责的表现。

与其抱怨生活，不如用心改变生活

在日常生活中，我们会经常听到各种抱怨：有人抱怨车上人多拥挤，抱怨城市太脏太乱；有人抱怨房价高、物价高，在城市里很难生存；有人抱怨自己的薪水低，付出没有回报，抱怨公司领导独断专行……

某心理学杂志曾刊登了一项研究，发现了一个惊人的事实：经常跟朋友抱怨，反而会让人更沮丧。主持这项研究的心理学家发现，无论男女，当遇到问题时，如被公司同事孤立或喜欢的对象不理睬自己，通常都喜欢找朋友诉说这些困扰。但是如果这种情况持续 6 个月或更久的话，女性焦虑以及沮丧的情绪就会明显恶化，而男性的焦虑以及沮丧的情绪虽然没有恶化但也未见任何改善。

从心理学上讲，抱怨的人不希望事情完全改变，他们只是为了推卸自己的责任而已。总是抱怨的人，选择的是一种消极的生活方式，他们只看到生命中的缺憾与不完美的一面。事实上，如果你想探看生命中美好的一面，那么你就一定看得到，关键在于你把眼光放在哪里。

在这个世界上，没有一种生活是完美的，也没有一种生活会让一个人完全满意，人的一生中会遇到很多事情，有平顺也有坎坷，有的人不停地抱怨，而有的人却努力地拼搏。其实，抱怨是不能解决任何问题的，它只会消磨人的意志，让人徒留感伤，而对于自己真实的生活没有任何帮助。一个人一旦养成了抱怨的习惯，他就像搬起石头砸自己的脚，于人无益，于己不利，生活就会如牢笼一般，处处不顺，处处不满。

那些喜欢抱怨的人，很少会积极想办法解决问题，也不会意识到主动独立地完成工作是自己应尽的职责，却始终将诉苦、抱怨视为理所应当。这类人除了把大把的时间和精力浪费在无所事事、岁月蹉跎中之外，注定将一无所获。

那些喜欢抱怨的人，总是觉得生活不美好，觉得活着是一种折磨，因为他们只看到了自己的付出，而没有看到自己的所得；而那些不抱怨的人即使真的很累，也不会抱怨生活，因为他们知道，失和得总是同在的，一想到自己已经获得了那么多，他们就会感到高兴。

有一家公司要裁员，张颖和王雅都被列在了裁员的名单上。公司有规定，被解雇的员工第二个月必须离开公司。

张颖心中不满，她逢人就唠唠叨叨地抱怨："我工作一直很努力，公司这么多人，为什么要把我裁掉？这对我来说实在是太不公平了。"她的这种抱怨情绪还影响到了工作，本来该她负责的工作故意推脱，甚至有很多重要的文件也马马虎虎地处理。

再来看看王雅是怎么做的。王雅和张颖的遭遇是相同的，但她的态度与张颖的却完全不一样。王雅虽然心情也很郁闷，但她想毕竟这是自己工作了多年的公司，而且待遇也不错，因此她没有向任何人抱怨，她觉得公司这样做也是迫不得已。在公司里，她在工作之余也会和同事说很遗憾，说一些"大家以后不能再在一起工作了"之类的话，但她却总是及时地交接工作，以免自己走后给同事带来工作上的不便。一个月之后，公司却只通知张颖一个人离开公司。人事经理是这样解释的："王雅在工作上仍然认真负责，而且毫无差错，所以公司决定留下她。"

抱怨是一种对生命的敏感体验，是对生活和工作中不满意的现象的痛感折射。让自己的情感得到适当的宣泄也未尝不可，但不能随意宣泄。从心理学角度来分析，抱怨有两种基本类型：工具型和表达型。工具型抱怨者有着明确的目的，那就是想借着将问题说出来进而解决问题。例如，一位母亲对着她的孩子们抱怨他们的房间实在太脏了，其实母亲是希望孩子们能够保持清洁，这样她就不必经常打扫，或者能够有更多属于自己的时间。表达型抱怨者的目的则完全不是为了解决问题，而是不吐不快。例如，向朋友抱怨自己老公忘记了结婚纪念日，其实是希望得到朋友的安慰。

我们每个人都有自己的利益诉求，当受到利益的驱动而得不到满足时，或者既得利益受到损害时，我们就会因为不满和气愤而产生抱怨情绪。这个时候，通过适当地抱怨，让心底的怒气得到一定程度的释放，从心理学角度来看，对身心健康是有益处的。但是我们应当理性地宣泄抱怨情绪，这样才能避免自己陷入抱怨的泥潭。著名作家三毛曾经说过："偶尔抱怨一次人生，可能是某种情感的宣泄，也无不可，但是习惯性地抱怨而不谋求改变，便是不聪明的人了。"

《不抱怨的世界》是一本畅销多个国家的励志书，作者是美国著名心理学家威尔·鲍温，他在书中提出了一个重要的主张：抱怨不如改变。他说："天下只有三种事：我的事，他的事，老天的事。抱怨自己的人，应该试着学会接纳自己；抱怨他人的人，应该试着把抱怨转成请求；抱怨老天的人，应该试着用祈祷的方式来诉求你的愿望。"在生活和工作中，我们要经常用改变代替抱怨，这样一来，我们就会有意想不到的转变，人生也会变得更加美好。

第十二章

如果想走上坡路，先要懂得低下头

　　有的人不谙世事，不懂低头，结果四处碰壁，吃了不少苦头。其实，在不丧失原则的前提下，暂时向对方认输，比硬着头皮坚持作战，把自己送上绝路要高明得多。暂时低头是在保存实力、积蓄力量，是一种生存智慧。如果想走上坡路，先要懂得把头低下来。

学会向生活低头，才能避免头破血流

漫漫人生路，变幻莫测，每个人在前行的道路上难免会品尝碰壁饮恨、伤痕失意的苦涩滋味。其实，碰壁并不可怕，可怕的是碰不回头，痛不思变。在厚重坚固的门框面前，暂时的低头并不意味着卑屈和降低人格，更不是表明失去原则和自尊，而是一种处世方法，是一种处世智慧。

一个人要想平安无事地活在世上，就要学会低头。

有些人心高气盛、恃才傲物，以为自己是鸿鹄，别人都是燕雀。他们的眼睛总是高高向上，根本不把周围的一切放在眼里，直到有一天被碰得头破血流。

这就好比我们想进入一扇门，就必须让自己的头比门框更低；同样，要想登上成功的顶峰，我们必须低下头、弯起腰，做好攀登的准备。

那些登上顶峰的成功者，不论在台上发表演说还是在高处振臂高呼，总是微微低着头俯视脚下的人群，因为他们站在高处；而他们脚下成千上万的人，总是高高抬起头仰视着台上的成功者，因为他们站在低处。

每个人的一生都要历经千万道门，那些门并不完全适合我们的躯体，有时甚至还有人为的障碍。如果一味地趾高气扬，到头来，不但会被拒之门外，而且还会不断被撞疼。所以，该低头时就低头，才能巧妙地穿行过千万道门，这既是立身处世不可缺少的风度和修养，也是人生进步的一种策略和智慧。

著名的军事家拿破仑曾经说过："不想当将军的士兵不是好士兵。"这句话被许多立志成为大人物的人用来自勉。但我们要知道，通往塔尖的梯子太狭窄，并不是每个有能力的人都能顺利到达。学会适时低头，懂得及时规避，蓄势待发，使自己保持最佳状态，运用耐心和智慧，才能最终成为那个"将军"。

有这样一个小故事。有人问大哲学家苏格拉底："据说你是天底下最有学问的人，那么请你告诉我，天与地之间的高度到底是多少？"苏格拉底微笑着答道："三尺！""胡说，我们每个人都有四五尺高，如果天与地的高度只有三尺，人还不把天给顶出许多窟窿？"苏格拉底微笑着说："所以，凡是高度超过三尺的人，想要长久地立足于天地之间，就要懂得低头呀！"

很多时候，我们常常因自己看重的事物而迷失方向，以不屈不挠、百折不回的精神坚持到底，结果输掉了自己。其实，用平和的心态对待事物，学会向生活低头，才是我们都应该要做到的。

很多人崇尚个性化、时尚化、特殊化，或许他们会对"向生活低头"嗤之以鼻。其实，学会了向生活低头，就是学会了更好地融入周围的生活圈中，更快地适应生活。只有熟知"外圆内方"的处世之道，才能更好地同他人打交道。做人做事多为别人考虑，少为满足自己的私欲而损害他人，才会赢得他人的尊敬。

如果一个人学会了向生活低头，就是学会了"蓄势"，就是在为将来的"待发"做充分的准备。著名作家余秋雨先生在《为自己减刑》一书中提到了他的一位朋友因受其启发，在监狱里苦学英语，并终有所成。刑满释放时，他带出来一本60万字的英语译稿，神采飞扬，丝毫不像受过牢狱之灾的人。他的这位朋友学会了向生活低头，学会了"利用"生活，学会先"委屈"于生活，后"俘虏"生活，并最终"主宰"生活。

学会低头，是处世的一门学问，是做人的一种至高境界，是真正会生活、懂生活的智者之举。

放低自己的姿态，做个低调的人

古往今来的智者告诫我们："做人要懂得低调。"三国时期的贾诩就是一个懂得低调的人。据说贾诩是一个比诸葛亮还要聪明的人，他一生做了很多聪明事。然而，他做得最明白的一件事就是他投降曹操后低调做人。作为一个从敌人阵营里投降过来的人，贾诩却是曹操所有谋士里结局最好的一位。

低调做人其实是一种隐忍，是不争、回避的生活态度。"枪打出头鸟"，只有低调行事才能明哲保身。当然，这是低调最原始的解释。

低调做人是一种有修养的表现。低调的人，比较会控制自己的情绪，不会动不动就出口伤人、出手打人。低调的人，有平和的心态。在生活和工作中，低调的人常以老好人的姿态出现，但这种老好人是受人欢迎的。

不攻击他人，是低调做人的又一个表现。攻击性过强的人，往往到处得罪人，处理大事小事时都像好斗的公鸡一样，或者口无遮拦，或者威胁恐吓，甚至大打出手。总之，要给对手以最大的打击和伤害，认为这样才能出气解恨，这样才能使事态按自己的想法发展。殊不知，这也许会占一时的上风，但从长远看，很可能会遭人报复。因此，要得饶人处且饶人。

低调做人是一种智慧。智慧不等于智商，有着很高智商的人，不一定是懂得低调做人的人。在现实生活中，最惹眼、最引人注意的，都是那些自我表现很强的人；而那些低调的人，总是默默地在低调中保护着自己。

当你懂得了低调做人，你会拥有真正的平静和幸福感，生活中会少了很多火药味，你会发现享受生活不是空洞的口号，而是真实的存在；保持低调，是我们每个人都应该持有的生活态度。

在日常生活和工作中，低调主要表现为放低姿态做人。

以低姿态出现只是一种表象，它是为了让对方从心理上感到一种满足。学会在适当的时候，保持适当的低姿态，绝不是懦弱的表现，而是一种做人做事的大智慧。

被称为"美国之父"的富兰克林，在年轻的时候，曾专门拜访过一位德高望重的老前辈。那时他年轻气盛，走路时昂首挺胸迈着大步。可当他走过这位老前辈家的大门时，却被门框狠狠地碰了头。他一边用手揉搓头，一边看着比他身子矮了一大截的门。出来迎接他的老前辈看到他这副模样，笑着说道："很疼吧？这是你今天访问我的最大收获。一个人要想平安无事地活在世上，就必须时刻记住，该低头时就低头。"

此后，富兰克林把这次拜访得到的教导看成自己一生中最大的收获，而且把它作为自己一生的生活准则，并受益终生。后来，富兰克林功勋卓越，成为一代伟人。他在一次谈话中说："这一启发的确帮了我大忙。"言外之意是，做人不可以没有骨气，但做事不能总是仰着自己高贵的头。

很多时候，对人低头是一种生活方式和工作方式，它与道德和气节无关。当我们遇到一扇很低的门时，如果昂首挺胸地过去，肯定要碰到头。这时，聪明的做法是弯一下腰，低一下头，让很低的门比我们高就行了。

谁都不是万能的，该认输时就认输

在人生征途中，常有竞争和角逐，也有奋斗与拼搏，着实需要百折不挠、矢志不渝、永不言败的勇气，但是，在必要的时候，也要学会认输。试想，面对于己不利的现实，深知自己不敌对手，还一味地跟人家拼斗又有何益呢？懂得认输，避开锋芒，激流勇退，不进行无益的竞争，减少不必要的损失，这才是智者行为。这种认输并不是自认失败，而是暂时性地稳定脚跟；这种认输并不是放弃追求，而是退一步去重新审视局势；这种认输能使自己的心灵空间更广阔，且能让自己的心灵得以充分地休息调整，以便寻求更好地获取成功的机会。

我们鼓励认输，是因为这里所指的认输不是自甘消沉，它有积极进取的内涵。它能使人以退为进，赢得潜心发展的主动权，扬长避短，从而获得成功。如果认死理、逞强好胜、盲目蛮干，一味地刚强和硬撑着，只会给自己带来不必要的伤害甚至牺牲，最终往往会输掉自己。只有做到审时度势、随机应变、刚柔相济，该认输时就认输，才能保护自己，让自己立于不败之地。

客观上讲，每个人都只能在某些领域里有所成就，这意味着缺陷是无处不在的，而试图在每一方面都凌驾在他人之上的想法是愚蠢的。真正聪明的人，敢于承认自己不如他人之处，自然会受到别人的欢迎和爱戴。

有一次，一位颇有名气的作家带自己的孩子散步，在路边看到一个卖油面的小摊子。摊主的生意好极了，旁边有十几个人在排队等着。

作家被摊主那极其熟练的动作迷住了：他把油面放进烫面用的竹捞子里，一把塞一个，动作非常娴熟，仅在刹那之间就塞了十几把。然后，他把叠成长串的竹捞子放进锅里烫。接着他又以难以置信的速度，将十几个碗呈一字排开，分别放进各种调味料，等这项工作完成，锅里的面已经熟了！随后捞面、加汤，十几碗面就如此迅速地做好了，前后竟不到5分钟。更让人称奇的是，他在整个过程当中还不断地和客人聊天。

正当作家惊叹的时候，孩子突然说了一句："爸爸，如果你和那个卖面的叔叔比赛做面，他肯定赢！"作家一怔，随即笑了，他对孩子说："不只会输，而且会输得很惨。在这个世界上，比爸爸厉害的人还有很多很多，和他们比，爸爸都会输。"

他们接着散步，当孩子看到豆浆店里的伙计正在做油条时，作家对孩子说："爸爸如果和他们比赛炸油条，也一定会输给他们的。"孩子点点头，作家接着对孩子说："孩子，你记住，谁都不是万能的，在这个世界上你会输给很多人，所以，任何时候都不要骄傲，要谦虚地向别人学习。"

敢于承认自己不如别人是谦逊，是低调，做人不应该自卑，也不能太张扬，应该自谦。我们每一个人都有自己的优缺点，我们应该客观地看待自己的优点，但同时也不可以忽视我们存在的那些缺点。我们只有真正看清了这两点，才可能通过自己的努力去取长补短，这样反倒会让我们超越那些曾经比我们强的人。

敢于认输其实是自信的表现。在我们身边，经常会看到输不起的人，那些输不起的人其实就是不自信。如果我们足够自信，就会勇于承认和别人的差距，清醒地认识到自己的弱项，之后才有可能超过别人。只有认识到自己不如人的一面，才能提高这一面，否则，我们将永远落在别人后面而自欺欺人。

事事与人比，总有一事不如人。我们不是万能的，不可能会做所有的事情，也不可能事事都比别人突出。所以，索性客观地对待自己，承认自己的不足，做自己擅长的事。

以退为进，以小输获大赢

多数时候，我们在谈到成功之道时，更多地强调要有一种勇往直前、积极进取的精神。但有时候，一味地硬冲硬打未必是最好的方法，以退为进也是一种获得成功的策略。

疾风知劲草，人须有傲骨，面对险恶的局势，人应当有一种"宁为玉碎、不为瓦全"的精神。这种不达目的誓不罢休的精神我们应该提倡。但客观世界是复杂多变的，就某件具体的事情来说，也有其"时"、其"势"的问题，在某些特定的时间里、环境下，采取以退为进的方法，并不是消极退让，而是一种积极的人生策略。

此外，以退为进也是关系学中的一条锦囊妙计。以跳高为例，退得远，助跑长，才可能跳得高。为人处世中暂时的忍让与后退，可以看作是以一时的"退"来求得以后的"进"，即更长远的利益。而以退为进的关键，就是要不露声色地迎合对方的需要，既以对方的利益为重，又为自己的利益着想。

美国第一任总统华盛顿在任时，身边的副总统是德雷斯顿。副总统是个闲差，可是德雷斯顿却把它变成了具有实权的职位。德雷斯顿在演说时常常讲一些他做副总统时闹出的笑话，这样做的结果非但没有降低自己的威信，反而赢得了人们的爱戴。

一个人先高后低，可能会给别人造成大步退让的假象；一点一点地由小到大，对方则很难察觉"先得寸后进尺"的真正意图。让人一步不为低，如果你占理又能相让，众人不但会承认你是对的，更会称道你的宽宏大量，让你收获好口碑。

汉代公孙弘年轻时，家里很贫寒，后来虽然当上了丞相，但生活依然十分俭朴。正因为这样，大臣汲黯向汉武帝参了公孙弘一本，批评他位列三公，有相当可观的俸禄，生活却太过俭朴，实质上是沽名钓誉，目的是骗取俭朴清廉的美名。

汉武帝也很不解，于是便问公孙弘："汲黯所说的都是事实吗？"公孙弘回答道："汲黯说得一点儿没错。满朝大臣中，他与我交情最好，也最了解我。今天他当着众人的面指责我，正是切中了我的要害。我位列三公，生活水准却和普通百姓一样，确实是故意装得清廉以沽名钓誉。如果不是汲黯忠心耿耿，陛下怎么会听到对我的这种批评呢？"汉武帝听了公孙弘的这一番话，反倒觉得他为人谦让，更加尊重他了。

面对汲黯的指责和汉武帝的质问，公孙弘一句也不辩解，全都承认，这是何等的高明。公孙弘的高明之处，在于对指责自己的人大加赞扬，认为他是"忠心耿耿"。这样一来，便给皇帝及同僚留下了这样的印象：公孙弘确实是"宰相肚里能撑船"。这个"人设"树立得相当漂亮。

自己的利益和意图丝毫不显露出来，让对方因为你能投其所好而情愿做你要他做的事，是一个以退为进的好方法。

帕金斯是美国著名政治家，他在 30 岁那年就任芝加哥大学校长，有人怀疑他那么年轻能不能胜任大学校长的职位。他知道后只说了一句："一个 30 岁的人所知道的是那么的少，需要依赖他的助手兼代理校长的地方是那么的多。"短短的一句话，使那些原来怀疑他的人一下子就放心了，他也因此获得了那些人的支持。

一般人遇到这样的情况，往往喜欢尽量表现出自己比别人强，或者努力地证明自己是个有特殊才干的人。然而，一个真正有能力的人是不会自吹自擂的，所谓"自谦则人必服，自夸则人必疑"就是这个道理。这其实也是一种以退为进、以小输获大赢的聪明之举。

想要不被折断，就要懂得弯曲

在生活和工作中，我们承受着来自各方面的压力，有时甚至积累到让我们难以承受，这时候我们要懂得弯曲，弯下身来，卸下重负，才能够重新挺立，从而避免被压断的结局。弯曲，并不是低头，也不是失败，而是一种充满弹性的生存方式和高超的生活艺术。

小草之所以能以柔克刚，在石缝中茁壮成长，是因为懂得弯曲；雪松之所以能百折不挠地抵抗住积雪的重压，在恶劣环境中逆势独存，是因为懂得弯曲……说话懂得弯曲，就算是反驳或批评，也将变得委婉动听，让人欣然接受；做人做事懂得弯曲，就算是妥协或退让，也将变得能屈能伸、百折不挠。

叶鹏是硕士研究生，毕业后签约到一家大型汽车制造公司，负责尾气改良工程。原有的老工程师在专业上不如叶鹏，但人家已经工作了十多年，经验和操作能力都比叶鹏强得多。在做项目的过程中，叶鹏的见解总和老工程师的不同。老工程师是改良工程的主要责任人，自然更多采纳自己的意见，叶鹏的见解大部分都没保留下来，更别提付诸实施了。叶鹏年轻气盛，与老工程师的合作关系越来越差，为了解气，叶鹏甚至在工作中有目的地设置一些小障碍。两个人的关系更加冷淡，根本配合不好。不久，叶鹏离开了心爱的实验室，被调往生产基地做技术指导员。

在上例中，叶鹏因为自以为是，失去了心爱的工作。如果他能虚心一点儿，该弯曲的时候弯一下腰，就不会和老工程师闹僵，事业的发展也就不会受阻了。

某地暴发了山洪，有一堆巨石被山洪冲到草地上，把一片小草压在下面。这片小草为了呼吸清新的空气、享受温暖的阳光，改变了生长方向，沿着石间的缝隙弯弯曲曲地探出了头，冲破了岩石的阻隔，获得了自由。

对于来自外界的各种压力，我们要尽可能去承受，在承受不住的时候，不妨弯曲一下，暂时让一步，这样就不会被压垮。就像那片小草那样，灵活地拐个弯，也许就会出现新的转机。

一阵狂风袭来，树被吹弯，一阵大雨袭来，花被压弯，可是在风雨之后，树和花又会挺起腰，顽强地生存。懂得弯曲的小河，有时也会奋不顾身，变成瀑布；善于防守的乒乓球高手，有时也会大刀阔斧，直接扣杀。何时该曲，何时该直，运用之当，存乎一心。这个心便是人生价值的定位和对于智慧的灵活运用。

比尔是美国有名的矿业工程师，毕业于美国的一所名牌大学，又在德国的一所著名的大学拿到了硕士学位。可是当比尔带齐所有文凭去找美国西部的大矿主布莱兹的时候，却遇到了麻烦。那位大矿主是个脾气古怪又很固执的人，他自己没有文凭，所以他不相信有文凭的人，更不喜欢那些文质彬彬又专爱讲理论的工程师。当比尔前去应聘，递上文凭时，满以为老板会乐不可支，没想到布莱兹很不礼貌地对比尔说："我之所以不想用你就是因为你曾经是著名大学的硕士，你的脑子里装满了一大堆没有用的理论，我可不需要什么文绉绉的工程师。"

机智的比尔听后，压低声音对布莱兹说："假如你答应不告诉我父亲的话，我要告诉你一个秘密。"布莱兹表示同意，于是比尔接着说："其实我在德国的学校并没有学到什么，那三年就好像是稀里糊涂地混过来的一样。"想不到布莱兹听了笑嘻嘻地说："好，那明天你就来上班吧。"就这样，比尔运用适当弯曲的方法赢得了这份工作。

一个人懂得弯曲并敢于弯曲，是一种本领，更是一种境界。从前，两个身受不白之冤的人被关在同一所监狱。一个看到的是窗外明亮的星星，另一个看到的却是四周的高墙。看到星星的人甘于默默忍受困苦，而看到高墙的人终因承受不了外来的流言蜚语，在一个风雨交加的夜晚上吊自杀了。多年以后，案件水落石出，真相大白，那个看到星星的人被洗掉了冤屈，重获了自由。可叹的是，另一个悲观的人却早已命归黄泉，虽然他也是被冤枉的。可见，在生活中糊涂一些，懂得弯曲，也不失为一种明智之举。这种弯曲不是见风使舵，不是欺软怕硬；相反，它是另一种意义上的生存之道。

适时弯曲，是为了不折断自己的正直。弯曲不是懦弱的妥协，而是战胜困难的一种理智的忍让；弯曲不是倒下，而是为了更好、更坚定地站立；弯曲不是毁灭，而是为了退一步的海阔天空，是为了更好地发展自己。

第十三章

活在当下：不沉湎于过去，不奢望于未来

过去已过去，未来还未来，我们可以把握的唯有当下。当下是过去的延续，也是未来的起点，正因为当下可以把握，更显其宝贵。时间宝贵，不沉湎于过去，不奢望于未来，认真活在当下，这才是人间大清醒，这才是一个人最好的活法。

与自己的过去分手，开创美好的未来

著名诗人雪莱曾经说过"过去属于死神，未来属于自己""过去不等于未来"，意思是我们要用发展的眼光看待自己、看待事物。已经发生的事情与目前的境况无关，过去的都过去了，关键是未来。过去决定了现在，而不能决定未来，只有现在的作为和选择才能决定我们的未来。

很多人习惯性地选择去回忆，实际上，他们只留恋过去的一点温暖，却忽略了温暖之外的整个生活。其实，如果重新再来一次，结果可能依然如旧。一个沉湎于过去的人，幸福是永远不会属于他的。过去不等于未来，过去你成功了，并不代表未来你还会成功；过去你失败了，也不代表未来你还会失败。面对自己的人生，我们所要做的就是要与自己的过去分手，开创美好的未来。因为过去不管是快乐还是悲伤，注定已经烟消云散，一切都变得无迹可寻。

在美国田纳西州的一个小镇上，有个小女孩出生了，那年是 1920 年。女孩渐渐懂事后，发现自己与其他的孩子不一样：她没有爸爸，是个私生女。周围的人明显地歧视她，小伙伴都不跟她玩。上学后，歧视并未减少，老师和同学仍以那种冰冷、鄙夷的眼光看她，还暗地里说她是"一个没有父亲、没有教养的孩子"。于是，她变得越来越懦弱，开始封闭自我，逃避现实，不与人接触。她最害怕的事情就是和妈妈一起到镇上的集市，她总能感到人们在背后指指点点，窃窃私语："就是她，她就是那个没有父亲、没有教养的孩子！"

在她 13 岁那年，镇上来了一位牧师，从此她的一生改变了。她非常羡慕别的孩子一到礼拜天便跟着自己的父母手牵手走进教堂。她曾经多次躲在远处，看着镇上的人们兴高采烈地从教堂里出来。她只能通过教堂庄严神圣的钟声和人们面部的神情想象教堂里是什么样子，以及里面发生的一切。有一天，她终于鼓起勇气，等人们走进教堂后，偷偷地溜了进去，躲在后排聆听。牧师正在演讲："过去不等于未来。过去成功了，并不代表未来还会成功；过去失败了，也不代表未来就要失败。因为过去的成功和失败，只是代表过去，未来是靠现在决定的。现在干什么，选择什么，就决定了未来是什么！失败的人不要气馁，成功的人不要骄傲。成功和失败都不是最终的结果，它只是人生过程的一个事件。因此，这个世界上不会有永恒成功的人，也不会有永远失败的人！"牧师的话深深地震撼了她的心。从那以后，她变了，她开始积极地面对生活的种种磨砺，顽强地为美好的人生拼搏。在她 40 岁那年，她成为田纳西州的州长，之后弃政从商，成为世界 500 强企业之一的公司总裁。67 岁时，她出版了自己的回忆录，在书的扉页上，她写下了这句话："过去不等于未来。"她的名字叫肖菲丝。

"过去不等于未来"这句话有两层意思。第一层意思是说，当我们失败时，我们要想到"过去不等于未来"。有句话说得好："成功不是你跌倒了多少次，而是你最后一次有没有办法站起来。"过去和未来有关系吗？有，我们可以从自己的过去中寻找"堑"，以增长我们的"智"。再进一步说，我们可以从别人的过去中寻找"堑"，来增长自己的"智"。然后再从中找出办法来修正我们的现在，从而使过去不等于未来。如果一个人只因为在过去的旅途中摔过跤，便永远背着包袱生活，那么，他就会在痛苦和悔恨中失去未来。第二层意思是，当我们成功时，我们也要想到"过去不等于未来"。冠军不可能永远是冠军，冠军有自己的实力，还要有机遇。我们能做的是增强自己的实力，这样，在机遇来临时，我们才能牢牢地握住它，并运用实力取得成功。

每个人的人生都会不断面临新的开始，昨天过去了，明天又开始新的一天。在昨天，也许我们拥有令人无比羡慕的成功，也许我们经历了失败的悲伤。然而不必留恋也不必在意，因为昨天的成功也好，失败也罢，明天都会重新开始，我们要重新开拓自己的人生。昨天失败了，不要紧，跌倒了再爬起来，继续前进，未来的旅途一样会风光旖旎。昨天是成功的，明天依旧要重新开始，只有在成功的基础上继续努力，才会迎来更辉煌的明天。

珍惜你所拥有的，你就得到了幸福

很多人都有一个共同点，那就是企盼得到自己没有得到的东西，而对自己现在所拥有的一切，却不那么珍惜。

因为多数人都倾向于看到已拥有的东西的缺点，以及未得到的东西的优点。把得到的看成是寻常的、理所当然的，把得不到的看成是珍贵的、美好的。而只有在失去自己所拥有的东西时，才倍感它的珍贵与不可替代。

珍惜我们现在所拥有的，细细品味其中的滋味，我们的心态就会平衡，我们的幸福感也会油然而生。

如果说没有得到一个可能的晋升机会，但这绝不是什么世界末日，因为我们不是有一个很温馨的家庭吗？我们不是有一个很健康的身体吗？虽然职务没有升，但是责任也没有变更，也不用总是出差、开会，生活不是很惬意吗？珍惜这一切，充分享受这一切，我们就是一个生活的成功者。

一个年轻人总是抱怨自己很穷。一位老者对他说："我用 10 万元买你的双手，你愿意吗？"年轻人回答道："不愿意。没有双手，我怎么生活？"

老者又说："我用 20 万元买你的双腿，你愿意吗？"年轻人回答道："不愿意。没有双腿，我怎么行动？"

老者接着说："我用 30 万元买你的双眼，你愿意吗？"年轻人回答道：

"不愿意，没有双眼，我什么也看不见。"

老者还准备继续问问题，年轻人抢着说："这么说来，我是很富有的。"

是啊，我们本来就很富有，只是自己没看到而已。

很多人都是这样：拥有的想放弃，没有的想拥有，也许这就是生活。但生活也同时告诉我们，有些东西可以失而复得，如金钱、地位、朋友等，有些东西一旦失去，便不会再有，如青春、健康、生命等。

我们应该明白：能来到这世上，真好；能健康地活着，真好；能踏实地工作，做自己喜欢的事，真好；能有个舒服的家，父母健康，有可爱的子女，真好；能有几个真诚的朋友，有聚有散，谈天论地，真好。

我们总以为生活在别处，其实，生活就在身边。岁月的河水在我们的脚下缓缓流过，一去不返。我们要珍惜今天的生活，珍惜今天拥有的一切。

有这样一个故事，能带给我们很多启示。

很久以前，两个穷人谈论什么是幸福。穷人甲说："幸福就是现在。"

穷人乙看了看甲的茅舍和破旧的衣着，轻蔑地说："这怎么能叫幸福呢？我的幸福可是百间豪宅、千名奴仆啊。"穷人甲说："那你就去追求你的幸福吧。我的幸福就是现在，我健康，我快乐，我现在有吃的，有喝的，我觉得很幸福。"

穷人乙经过不断的努力，终于有了百间豪宅、千名奴仆，他已经成了富人。可是他总觉得自己的财富不够多，拥有的东西不够好，总是快乐不起来。因此，他总是向周围的人发脾气，甚至打骂那些健壮的奴仆。

很不幸，有一天，一场大火把富人的豪宅烧得片瓦不留，奴仆各奔东西。一夜之间，富人沦为了乞丐。

在一个炎热的夏天，汗流浃背的富人路过穷人甲的茅舍，想讨口水喝。穷人甲端来一大碗清凉的水，问："你现在认为什么是幸福？"成为乞丐的富人眼巴巴地说："幸福就是此时你手中的这碗水。"

幸福真的很简单，幸福就是一种感觉，当你体会到了，就会珍惜你现在拥有的一切，你就会拥有更多。如果你珍惜你所拥有的一切，你就得到了幸福。你会发现，生活竟如此美好。可以看骄阳东升，可以看蓝天白云，可以看草长莺飞，可以看冬虫夏草，可以有那么多的东西去欣赏、去体味、去享受，你会对自己说："此时此刻，我很幸福。"

真实地活在当下，享受生命的美好

对于人生而言，昨天已是过去，明天还未到来，最重要的还是今天。对于我们而言，昨天只是一种记忆，随着时间的流逝，这种记忆会逐渐被淡忘；明天只是一种虚幻，总是向往明天，只会使希望破灭。

为往事懊悔，为将来担心，只会给自己带来负面情绪，对眼前的一切视若无睹，将永远也不会得到快乐。唯有真实地活在当下，才能真正拥有快乐。

从前，在一座寺庙里，有个小和尚负责每天早上清扫寺院里的落叶。清晨起床扫落叶实在是一件苦差事，尤其在秋冬之际，每一次起风时，树叶总是随风飞舞。所以，每天早上清扫树叶成了小和尚最烦恼的事。于是，他一直想要找个好办法让自己轻松些，他也尝试了很多方法，但都失败了。

有一天，一位师兄对小和尚说："你明天在打扫之前先用力摇树，把落叶统统摇下来，后天就可以不用扫落叶了。"小和尚开心极了，于是隔天他起了个大早，使劲地猛摇树，这样他就可以把今天和明天的落叶一次扫干净了。一整天小和尚都非常开心，他觉得这真是个好办法。

第二天，小和尚到院子里一看，不禁傻了眼：院子里如往日一样满地落叶。

这时候，老和尚走了过来，对小和尚说："傻孩子，无论你今天怎么用力，明天的落叶还是会飘下来。"小和尚终于明白了，世上有很多事是无法提前做的，唯有认真地活在当下才是最真实的人生态度，也是最正确的做法。

活在当下，就是要活在今日、今时，不仅要好好地活着，而且要活得有意义。以后的世界是难以捉摸的，何必要忧心忡忡、提心吊胆？一个人从出生那天起就会面临风吹雨打，就会有诸多不顺心的事在等着他，假如总想着明天可能会有很多不如意的事，心里必定不会愉悦。生活中也总会有一些令人心痛的事，例如，刚刚还活蹦乱跳的生命，转眼间就停止了呼吸；昨天还是一个健康的体魄，今天就化成一缕青烟、一抔黄土。假如整天想着这样的悲伤之事，还能开心地生活吗？

其实，你想也得过，不想也得过，你悲哀也得过，快乐也得过，那么，为何不多看看今天崭新的太阳，不开开心心地过好今天呢？不必太多地去考虑未来，考虑明天，一定要活在当下，活在今天，该做什么就做什么，这才是最好的选择。既然人生不可以重来，不可以跳过，那我们就应该把每一个今天当成生命中最美好的一天，去享受美好的生活。

珍惜时间，就是珍惜自己的生命

珍惜时间之所以是个永恒的话题，是因为时间是永恒的，但人一生中能利用的时间是有限的。

人的一生只有三天：昨天、今天和明天。昨天已经过去，永不复返；今天已经和你在一起，但是很快也会过去；明天即将到来，但是，它也会消逝。

两千年前，孔夫子立于川流不息的河边，面对奔流不息的河水，想起逝去的时间与事物，发出了一声千古流传的感叹："逝者如斯夫！"

大文豪高尔基有句名言："世界上有一种最快而又最慢，最长而又最短，最平凡而又最珍贵，最容易被忽视而又最令人珍惜的东西，那就是时间。"人生百年，几多春秋。向前看，仿佛时间悠悠无边。猛回首，方知生命挥手瞬间。

如果你热爱生命，那么就不要浪费时间，因为时间就是生命。鲁迅先生说："浪费自己的时间等于慢性自杀，浪费别人的时间等于谋财害命。"这说明了珍惜时间的重要性。

人世间有很多风风雨雨，有很多大大小小的困难在成功的人生路上等着我们，如果不珍惜时间，我们就走不到成功的彼岸。

时间是一个很古怪的东西。无论你怎么留，也不能留住它。时光如白驹过隙，在我们的手上匆匆走过，在我们的脚下匆匆离开；时间冷漠，总是一如既往地不尽如人意，不舍半点人情。时间是个常数，它对每个人都是公平的，一天 24 小时，给谁也不会多一秒，给谁也不会少一秒。但时间对勤奋与懒惰的人来说，则是个变数。

一天的时间给勤劳的人带来智慧与力量，给懒散的人只能留下一片悔恨。时间如流水，似夏天的雨，像秋天的风，那些不珍惜时间的人，会竹篮打水一场空；而那些珍惜时间的人，才能收获丰硕的成果。

达尔文是生物进化论的奠基人。达尔文从剑桥大学毕业后，参加了环球考察。在"贝格尔"号轮船上，他珍惜每一天时间，进行了大量考察，搜集了足够研究 50 年的标本。在别人闲聊时，他坚持写航海日记，还与国内科学界朋友保持书信联系，其中不少信件很快被作为学术论文发表，颇具影响力。

5 年以后，当踏上阔别的国土时，他惊讶地发现，自己已被称为海洋生物学专家。有人问他何以取得那么巨大的成绩时，他回答说："我从来不认为半小时是微不足道的，是很短的一段时间。"

抛弃时间的人，时间也会抛弃他。时间似乎是一本书，愚笨的人只会一目十行，到头来，什么收获都没有；而聪明的人，则认真、仔细地读，因为他知道，这本书只能读一次。那些有理想、珍惜时间的人，留下来的是无憾的一生。而那些有理想、不珍惜时间的人，留下来的是虚度而悔恨的一生。

俄国现实主义文学大师屠格涅夫曾说过："没有一种不幸可以与失去时间相比。"最聪明的人，是最不愿意浪费时间的人。

成功的人，珍惜每分每秒，成就辉煌；而失败的人则抱着"做一天和尚，敲一天钟"的思想得过且过，消磨着每一天的宝贵时间。在失败者的眼里，时间是漫长和无谓的，而当他们回过头之后，才发现时间如流水，一去不复返，才发现时间的可贵。到那时，便应了一句话："少壮不努力，老大徒伤悲。"

珍重自己，你是自己健康的第一责任人

世上有很多东西都是值得珍惜的，家庭的温馨、朋友的情谊、师长的教诲、陌生人的帮助等。如果想珍惜这些，就要珍惜现在，珍重自己，尤其是珍惜自己的健康。

有这样一则哲理小故事，非常耐人寻味。

有个人在一片废墟中行走时，听到有人在抽泣。他走过去，仔细一看，原来是一个很丑陋的双面人在哭。

那人就问双面人："你哭什么呀？"

双面人说："我在哭我自己。我本来有两张漂亮的脸，一张脸可以洞察过去，一张脸可以预测未来，可是由于不珍重自己，健康出了问题，所以才成了这个样子。"

人生之舟不可能总是一帆风顺，只有珍惜现在，珍重自己，才能拥有一个健康的身体，有了健康的身体，我们才能创造美好的未来。

李森今天一早到公司，听到一个震惊的消息。一位和他同岁的女同事

昨天下午在公司晕倒了。听说这个女同事以前身体就不太好，老头疼，平时为了保持身材，吃得又少。李森听说她昨天晕倒前吐了好几次。同事们都吓坏了，马上把她送到附近的医院。李森心想：现在的人太不珍惜自己的身体了，身体是革命的本钱，把"本钱"亏了，还会有什么"营利"啊？即便有营利，又有什么用呢？要知道，健康是福。

你爱惜自己吗？人活着，只有爱惜自己，才能热爱生活，才能享受生活。

刘某是一个很懂得珍惜时间的人。几年前，他读爱因斯坦的"相对论"，明白了一个道理：高速运动的物体可以让时间过得更慢。于是，他每天都拼命工作，下班后真正休息的时间少之又少，由于身体和大脑的过度疲劳，导致他的身体机能严重下降。医生告诉他，以后最好做些轻松的工作，或者先在家休息一段时间，让身体恢复恢复再去工作。

人的生命有时候真的很脆弱，生活压力大，工作紧张，家庭琐事，致使许多人没时间锻炼身体，导致身体越来越差，很多到老年才容易得的病都提前出现了。我们一定要好好爱自己，爱自己的身体。身体是自己的，健康是我们最大的资本。

我们应该常常对自己说："我要对自己负责。"那么，怎样才是对自己负责呢？为了有一个美好的明天，要好好珍惜现在，努力工作，但是同时又要珍重自己，让自己有一个健康的身体。

珍重自己，就必须学会面对社会的压力，如生存压力、工作压力、家庭压力等。珍惜自己，就要在平凡的日子里了解自己、完善自己，面对世上万事万物持乐观积极的态度。做到不放弃追求，不贪婪地想着什么都占有，是你的，要争取；不是你的，别妄想占有。踏踏实实做事，规规矩矩做人。生活是盛满酸甜苦辣咸的五味瓶，通过努力寻求自我，命运就会掌握在自己的手中。

珍重自己，就要爱惜自己的大好年华。命运的意义在于执着地追求，不辜负自己的大好年华，珍重自己，才能追求到自己想要的东西。

　　珍重自己，就要珍惜健康。既然身体是革命的本钱，就要珍惜健康。有人问："你最珍惜的是什么？"老师说："知识。"同学说："友谊。"父母说："孩子。"商人说："金钱。"医生说："生命。"情侣说："爱情。"需要珍惜的实在是太多了，但是，只有我们身体健康，才能珍惜我们想要珍惜的一切。

第十四章

人生需要拿得起的勇气，
也需要放得下的胸怀

　　生活不可能像我们想象得那么好，但也不会像我们想象得那么糟。我们总是在不断的得到和失去中前行。人生需要拿得起的勇气，也需要放得下的胸怀。拿得起是一种积极的人生态度，是一种对己对人负责的表现；放得下是一种胸怀，放得下才能轻装上阵，才能活得轻松。

要拿得起，更要放得下

智者经常告诫我们"要拿得起，放得下"，而在付诸行动时，拿得起容易，放得下却难。所谓"放得下"，是指心理状态，就是遇到"千斤重担压心头"时，能把心理上的重担卸掉，让自己轻松起来。生活中不顺心事十之八九，要做到事事顺心，就要拿得起放得下，不愉快的事就让它过去，不要放在心上。

一位农夫和一位贪婪的商人在街上寻找财物，他们发现了一大堆未被烧焦的羊毛，两个人就各分了一半捆在自己的背上。

在回来的路上，他们又发现了一些布匹，农夫将身上沉重的羊毛扔掉，选了些自己扛得动的较好的布匹；贪婪的商人将农夫丢下的羊毛和剩余的布匹统统捡起来，重负让他气喘吁吁、行动缓慢。走了不远，他们又发现了一些银质餐具，农夫将布匹扔掉，拣了些较好的银器背上，商人却因沉重的羊毛和布匹压得无法弯腰而作罢。这时突然天降大雨，筋疲力尽的商人身上的羊毛和布匹被雨水淋湿了，他跟跄着摔倒在泥泞当中，再也没有起来；而农夫却一身轻松地回了家。后来，农夫变卖了银餐具，从此过上了富足的生活。

大千世界，万种诱惑，什么都想要，会将人累垮，该放就放，才会轻松快乐一生。

我们都有失去某种重要或心爱的东西的经历，且大都在我们的心理上留下了阴影。究其原因，那就是我们并没有调整好心态去面对失去，没有勇气放弃。这个时候，我们总是对自己说，已经走到这一步了，没有办法回头了，还是坚持走下去吧，最终可能会把失败归结为"无法回头""命中注定"。其实，这都是为缺乏面对现实的勇气而找的借口，是因为没有从习惯性思维中解脱出来。

项羽在败北之际选择了自刎，他没有放下自尊。虽然因此成为一代传奇，但如果他能够活着回到江东，大多数江东父老还是会原谅他，江东子弟还是会追随他，这样就有转败为胜的可能。其实，事情并不像他想象得那么糟糕。

放得下，并不是懦弱，而是一种战胜自我、超越自我的勇气。如果你放弃了一个无法实现的理想，就会促使一种新理想的诞生，这其实也是一种坚持。所以，我们应该学会在坚持中放弃，在放弃中坚持，既要拿得起，又要放得下。

学会选择是艺术，懂得放弃是智慧

在人生的每一个关键时刻，我们都必须运用我们的智慧，有所选择，有所放弃，做最正确的判断，这样才能更好地把握自己的命运。

很久以前，大哲学家柏拉图曾带着他的徒弟们来到一块麦田前，他对徒弟们说："你们现在从这块田地里走过去，在田里拣一支最大的麦穗，前提是你们只能拾一支且谁也不准回头，如果谁拣到了，这块田地就归谁。"

徒弟们听了，很高兴地说："这还不简单!"

柏拉图说："好，我就在对面等你们。"于是，柏拉图先来到了田地的对面等待结果。

那些徒弟从田地里走到对面，最后他们都失败了。原因很简单，那就是他们都以为最大的麦穗在前面，所以他们一路上总是匆匆向前，结果到了尽头才知道，其实最大的麦穗自己已经错过了。追求最大的东西却失去了最大的东西，这是极大的教训。

贪婪是大多数人的毛病。如果什么都不愿放弃，结果会什么也得不到。犹如一头要吃草的毛驴，面对左右两边各放着的一堆青草犯了难——先吃哪一堆呢？一直犹豫不决的毛驴最后饿死了。在生活中，有些人总喜欢抓住点什么，房子、金钱、名利……结果，抓得自己精疲力竭。我们毕竟只是凡人，虽然想抓住的太多，但是真正能抓住的却很少。

生命的过程其实是一个不断放弃和选择的过程，当我们选择好目标时，就要锲而不舍，以求"金石可镂"；但若目标不适合自己的发展，或环境和各种条件不允许，与其蹉跎岁月，徒劳无功，还不如选择放弃，改投别处。班超投笔从戎，鲁迅弃医从文，都是敢于放弃、重新选择的楷模。对于我们来说，如果能够审时度势、把握时机，放弃也是一种豁达的表现、理性的选择。

多年以前的一天，有一个孩子在玩耍，母亲拿出一只口琴吹了一首动听的歌曲。孩子听见后有心要母亲手中的口琴，又舍不得放弃手中的气球。就在这个孩子左右为难之际，母亲停止了吹奏，微笑地看着他。

这个时候，孩子做出了选择，他松开手，毫不犹豫地放飞了气球，然后扑向母亲索要口琴。

就在这一天，他学会了吹口琴，并且获得了对他一生有深远影响的启示：当人需要做出选择时，该放弃的就要果断放弃。

后来，他发现自己对音乐的兴趣其实并不大，于是他果断地放弃了音乐，选择了自己感兴趣的经济学。他先后放弃了很多东西，一心一意地关注经济学，将自己全部的精力都放在经济学上，很快他便成为这一领域的专家。后来，他被里根总统任命为美国联邦储备委员会主席，他就是艾伦·格林斯潘。

格林斯潘的经历告诉我们，人生的过程，实际上是一个选择的过程。放弃并不意味着我们不再努力，而是更加专注于我们感兴趣的东西，这样我们才能一步步走向成功。

我们时刻都在取与舍中选择，我们又总是渴望着取，渴望着占有，常常忽略了舍。懂得了放弃的真意，也就理解了"失之东隅，收之桑榆"的真谛。懂得了放弃的真意，自然会懂得适时地放弃，这正是获得内心平衡、获得快乐的好方法。

生活有时会逼迫我们不得不交出利益，不得不放走机遇，甚至不得不抛下感情。谁也不可能什么都得到，学会放弃，才会变得豁达、豪爽、冷静、主动；学会放弃，才会让人变得更有智慧和力量。

放下自己的身段，路会越走越宽

我们通常所说的身段，就是一个人自恃的身份。家世背景好的人把财富和地位好作为身段高的标志；有学问的人觉得自己有学问而不同凡响；有钱财的人觉得自己有钱而异于旁人；有名位、有才华的人，认为自己比较有尊严，并以此来抬高自己的身段。可以说，每个人都有自己的身段，尤其是那些有些名气的人。

一个人的身段，是一种自我认同，这种自我认同也是一种自我限制。自我认同感强的人，会经常有这样的想法：因为我是这种人，所以我不能去做那种事。因此，古代富贵人家的小姐不愿意和婢女同桌吃饭，名牌学校毕业的大学生不愿意当基层业务员，高级主管不愿意主动去找下级职员沟通，有学问的人不愿意去做没有技术含量的工作。他们认为，那样做会降低自己的身段。

其实，这种身段只会让他们的人生之路越走越窄。当然，这并不是说有身段的人就不能有成功的人生，但如果在非常时刻，还放不下身段，那么往往会让自己无路可走。这正如一些大学生既找不到工作，又不愿意从基层做起，就只能成为待业青年，郁郁不得志。

社会是分阶层的，不同的人必然在不同的社会阶层中生存，但阶层不能代表一切。古今中外成功的人，无不把放下身段当成做人的一项要诀。例如，司马相如、卓文君放下身段，开卖酒小店维持生计，成为千古流传的佳话；范蠡隐姓埋名，放下身段从商，成为后来的陶朱公；越王勾践放下身段服侍吴王夫差，终于复国……

法国著名军事家拿破仑，滑铁卢战败后，被流放到地中海的圣赫勒拿岛。有一天，他与夫人约瑟芬一起到海边散步，正好遇到一群水手在卸货。水手们抬着沉重的东西嚷着："没看见我们正在卸货吗？让开！让开！"拿破仑躲避不及，被重重地撞了一下。他的夫人几乎没有考虑，就脱口斥骂道："你们没长眼吗？你们撞到的是法国皇帝！该当何罪？"拿破仑马上拦住夫人，在她耳边说道："这些水手很辛苦，不要这样对待他们，再说我也并没有被撞得很痛。"接着拿破仑又吩咐身边的随从，去帮水手们卸货。拿破仑放下皇帝的身段，不计较水手们的过失并热情地帮助他们，这种举动获得了水手们的好感和爱戴。在水手们的大力支持和帮助下，几年后，拿破仑偷偷潜回法国，重新执掌了政权。

拿破仑能重掌政权，得益于他懂得放下身段。

放下身段，也就是放下学历、放下家庭背景、放下身份，让自己回归普通人。同时，也需要不在乎别人的眼光和批评，做自己认为值得做的事，走自己认为值得走的路。

方菲在校时成绩很好，老师和同学对她的期望也很高，认为她将来一定会有一番了不起的成就。方菲在毕业两年后的确小有成就，但不是在政府机关或大公司里有成就，她是卖馄饨卖出了成就。原来，毕业后，她得知家乡附近的夜市有一个摊位要转让，她那时还没找到工作，就向别人借钱，把这个摊位买下来。因为她对烹饪很有兴趣，便自己当老板，卖起了馄饨。她的大学生身份曾招来很多不以为然的眼光，但也为她招来不少生意。有人曾不解地问她："你是大学生，现在卖馄饨，你没有对自己学非所用及高学低用后悔吗?"方菲说:"放下身段，路才会越走越宽。否则，只能走进人生的死角。"

一个人如果放不下身段，他便会被身段捆住手脚。不论我们的资历、能力如何，在广袤的社会舞台上，我们只是个很渺小的人。我们把奋斗目标定得越高，越要在人生舞台上演得低调。在生活和工作中，一定要学会放下身段，把自己看轻些，把别人看重些。当我们放下自我、放下身段时，就会真正感受到"山重水复疑无路，柳暗花明又一村"的精神境界，我们会得到很多意想不到的惊喜与收获。

只有懂得弯腰的人，以后才会少弯腰

大多数人都能站得笔挺，因为觉得做人就要这样"直"。其实不然，人都有弯腰的时候，弯了腰再站直，也是一样的挺拔。有的人面对一些小事、小人物就不屑于弯腰，殊不知，就因为这点不屑，以后也许会弯腰弯得更多。

在民间流传着这样一个故事:有一个商铺老板和一个新来的伙计出门时，在路上看到了一副鞍鞯。小伙计装作没看见，径直走了过去，而骑在马上的老板却下马，弯腰把鞍鞯拾了起来。在一个当铺里，老板拿鞍鞯换了些碎银子。他从当铺出来又拿银子买了几个鲜桃，骑上马后就给伙计扔桃子吃。伙计总是接不住，一次次地弯腰去拾桃子。

等到吃完桃子，老板对小伙计说:"如果你当时弯腰把鞍鞯拾起来，刚才你也不用一次次地弯腰拾桃子吃了。"伙计说:"我当时没觉得鞍鞯会有用处，所以就没捡。"

老板说:"你不低头、不捡起来看看，怎么能知道它没用呢?"

伙计惭愧地低下了头。老板又接着说:"你年纪还小，以后的路还很长，需要弯腰的事肯定免不了。你现在学会弯腰，多弯些腰，多学会些东西，以后就会少弯些腰。小事不肯做，大事也是做不成的。"

我们都要学会在适当的时候弯腰。弯腰可以让我们"拾"到东西，可以让我们以后少弯腰。

在适当的时候弯腰，以增加自己的活力，是一个人成熟的标志之一。仰起头，要站得直；弯下腰，身子要柔韧。仰首是面向天空，弯腰是俯身向地。人生活在天地之间，仰首和弯腰就是将自己与大自然融为一体。

著名作家刘燕敏曾写过这样一个故事：有一对夫妇来到一个山谷的时候，天空下起了大雪。他们只好躲在帐篷里，看着漫天的大雪飞舞。不经意间，他们发现由于特殊的风向，东坡的雪总比西坡的雪下得大而密。不一会儿，雪松上就落了厚厚的一层雪。然而，每当雪落到一定程度时，雪松那富有弹性的枝丫便会向下弯曲，使上面的雪滑落下来。就这样，反复地积雪，反复地弯曲，反复地滑落，无论雪下得多大，雪松始终完好无损。其他树的枝丫则由于不能弯曲而很快被压断了。

妻子若有所悟，对丈夫说："东坡肯定也长过其他的树，只不过由于不会弯曲而被大雪摧毁了。"丈夫点头称是，两人似乎同时恍然大悟。丈夫非常兴奋地说："我们揭开了一个谜，那就是对于外界的压力，要尽可能去承受。但是，在承受不了的时候，就要像雪松一样弯曲一下，这样就不会被压垮了。"

弯腰是面对强大压力时采取的柔和之术。很多时候，不要硬碰硬，要学会适时地弯腰，因为弯腰可以提高自己的抵抗力。要明白，弯腰是为了迎接以后更大的挑战，就如同弯弓是为了更有力地射箭，退却是为了更勇猛地进攻一样。有时候弯腰也意味着成熟，即具备了一个成熟的人应该有的韧性和坚强。

弯腰是一种做人的智慧。有位丈夫在与妻子吵架后，每次都是首先认错。他说："会向妻子弯腰的丈夫是聪明的。"他认为，弯腰与面子没有必然联系，相反，高昂着头和妻子吵架才是没有面子的事情。一个和妻子什么事都较真的人，还有什么气度可言？如果说向妻子弯腰是一种小聪明，那么，懂得适时地向其他人弯腰的人，就是有大智慧的人。

说到弯腰，我们自然会想起"不为五斗米而折腰"的陶渊明。人格要保持挺立的姿势，这无可厚非。"不为五斗米而折腰"，是陶渊明的气节，但在现实生活中，陶渊明最终还是弯腰了，因为要"采菊东篱下"，直着身子恐怕难以采撷到。虽然他弯腰向田园，让自己的汗水变成"颗粒饱满"的收成，但他的气节还是挺立的。

不会弯腰的身体是僵硬的，不会弯腰，是顽固，是呆板，是色厉内荏。其实，弯腰不是少铮骨，柔肠也有壮士心。不会弯腰或疏于弯腰的人，是糊涂或者懒惰；而耻于弯腰者，肯定是傲慢的无知者。只有懂得弯腰的人，才能少弯腰，才能把腰挺得更直。

适时地装装糊涂，才能够更好地生存

"人怕出名猪怕壮。人高于众，众必非之。"这句话很有道理。面对复杂的人际环境，有时糊涂做人，方能立于不败之地。这是一种低调，也是一种以不变应万变的智谋。

我们可以从刘备和杨修身上得到启示。三国时期，刘备为防止曹操谋害自己，终日在后园种菜，装作胸无大志的样子，瞒过了曹操，躲过了劫难。而那个很自负的杨修在曹操面前一再表现自己的聪明，后来被曹操找个借口杀掉了。如此种种，说明难得糊涂乃是做人做事的至高境界，是真正的大彻大悟。但遗憾的是，有人偏偏不愿糊涂，常常是聪明反被聪明误。

唐初的谋臣刘文静就是个很好的例子。如果他在李渊在位时懂得糊涂之妙，肯定会安度晚年，享尽荣华富贵。可是，他太斤斤计较眼前利益了，竟然在李渊面前大发牢骚。

客观地说，刘文静是李世民起兵反隋时的主要谋臣，在后来的数次战役中屡立大功，说他是唐朝的开国元勋并不为过。与刘文静相比，裴寂的资历要浅一些。裴寂是经刘文静介绍才加入反隋行列的，但他善于结交李渊，甚至将隋炀帝的宫女私自送给李渊，与李渊在酒桌上称兄道弟，是李渊的酒肉朋友。由此可见，裴寂善于经营人际关系。

由于二人关系好，李渊称帝后，对裴寂的宠信异乎寻常，授予他右丞相之职。李渊每次上朝与他同登御座，退朝后相携入宫，对他言听计从，赏赐无度。刘文静却不受宠信，官职只是一个小小的尚书，因此他感到很不公平，每次上朝故意与裴寂唱反调，渐渐地两个人成了死对头，结下了怨恨。

后来发生的一件事彻底改变了刘文静的命运。有一次，刘文静在上朝时，受到了裴寂的一番奚落，回到家中仍余气未消，以刀击柱，发誓说："我一定要杀掉裴寂！"岂料家贼难防，刘文静这些话被他的一个失宠的小妾听到了，并且向朝廷告发了他。

刘文静在接受朝廷审问时，将自己的想法和盘托出说："当初起兵时，我的地位在裴寂之上，如今裴寂被授予高官，而我的官职比他小了很多，所以心怀不满，酒醉之后说些过头的话也是人之常情。"李渊听了刘文静的申辩很生气，认为他有谋反之心，决定将他处死。

朝中多数大臣都为刘文静说好话，据理力争。其实，李渊觉得刘文静与自己比较疏远，早就对他不放心了，想趁此机会除掉刘文静。裴寂看出了李渊的心思，火上浇油地说："刘文静的确立过大功，无奈他已经有了反心，如今天下还不太平，若是赦免了他，肯定会成为后患。"

这话正中李渊的下怀，李渊立即宣布处死刘文静。刘文静临死时，仰天长叹："古人说，飞鸟尽，良弓藏，真是这么一回事啊！"这就是不懂糊涂的要义者的悲剧。

这里提到的糊涂做人是一种善意的、包容的糊涂，是一种有意识的糊涂，不是装的，也不是被逼的。居家过日子，与好朋友、同事之间的交往，很多人都是以糊涂的方式对待，而不是斤斤计较，寸步不让。

从前，有一对夫妻感情深厚，经过几十年的风风雨雨仍然情深意长。后来，爱面子的丈夫因工厂倒闭，从领导岗位上退了下来。丈夫为了保持自己的面子，仍然天天假装上班，可是却窘于没有票子的尴尬，常对妻子发火闹别扭。而此时妻子已经是一家公司的副总了，对丈夫失业的情况她是一清二楚的，为了丈夫的尊严和面子，她假装不知，还格外关心体贴丈夫。后来，她通过另一家公司的老总给丈夫安排了一份工作，这些都是在丈夫不知情的情况下办的。几年后，丈夫才知道了此事，感慨万分。一个是真糊涂，一个是假糊涂，却收获了和谐的生活。

第十五章

宽容忍让境界高，麻烦祸事自然少

　　人非圣贤，孰能无过？对于别人的冒犯或错误，我们应该以宽容之心、忍让之态待之。宽容忍让会让家人之间增加一些亲情，会让朋友之间增进一些友情，还会让爱人之间增添一些爱情。宽容忍让是化解矛盾、减少麻烦祸事的法宝，更是一种博大的处世胸襟。

海纳百川，有容乃大

宽容是一种博大的胸怀，是一种超然洒脱的态度。具有容人之量是一种超脱，是自我性格力量的解放，是建立良好人际关系的一大法宝，也是人类个性完善的体现。法国文学家雨果曾说过这样一句名言："世界上最广阔的是海洋，比海洋更广阔的是天空，比天空更广阔的是人的胸怀。"具有宽容的好品性，便能获得人生中的喜悦和成功。

裴行俭在唐高宗时期任吏部尚书，他家里有一匹皇帝赐予的好马和一个珍贵的马鞍。有个下属私自将这匹马骑出去玩儿，结果摔了一跤，摔坏了马鞍。这个下属非常害怕，连夜逃走了。裴行俭派人把他找了回来，并且没有责怪他。

还有一次，裴行俭带兵去平都支援李遮匐，结果获得了很多珍宝，于是他宴请大家，并把这些珍宝拿出来给客人看。其中有个人不小心把一块非常漂亮的玛瑙打碎了，那个人顿时害怕得不得了，伏在地上叩头请罪。裴行俭说："你不是故意的，不碍事的。"

在日常生活和工作中，难免会与别人产生误会、摩擦。如果我们心怀怨恨，怨恨便会悄悄生长，最终会破坏我们与他人之间的情谊。在心怀怨恨时，多一些宽容，我们才会少一分烦恼，多一条后路。

春秋战国时期，在一次大战结束后的庆功宴上，由于大获全胜，楚庄王十分高兴。他不仅大鱼大肉款待众位将领，更安排自己的一位宠妃到席间亲自为将士斟酒，以此表示奖励。

到了后来，将士们的酒越喝越多，胆子也越放越开。当这位妃子穿梭席间替将士们斟酒时，大厅上的蜡烛突然被风吹熄了，黑暗中，妃子感觉到有人趁机扯住了她的衣袖，想要非礼她。

妃子急中生智，一把扯下了那个人头盔上的帽带，然后回到楚庄王的身边。妃子既生气又委屈地把这件事告诉了楚庄王，请他好好惩治一下那个没有了帽带的人。很明显，谁没有帽带，谁就是那个想非礼妃子的人。

当楚庄王听说有人调戏自己的爱妃后，当然怒火中烧，但是转念一想，在场人士皆是有功之臣，而且每个人都已满脸酒意，一时得意忘形实在无可厚非，不值得大惊小怪，不必为了一个无心之过而小题大做，破坏了原本欢乐的气氛。

楚庄王想了想，便举起酒杯，对所有的将士们说："今天宴请大家，一定要玩得尽兴，不醉不归，请所有人都脱下头盔，不必拘泥礼节，大家一起狂欢吧！"

楚庄王说完后，全场的人都脱下了头盔，再也分不出谁是那个被扯下帽带的无礼将士了。

古人常说："冤冤相报何时了，得饶人处且饶人。"这是一种宽容，一种博大的胸怀，一种不拘小节的潇洒，一种伟大的仁慈。自古至今，宽容被圣贤乃至平民百姓尊奉为做人的准则和信念，已成为中华民族传统美德的一部分，并且被视为育人律己的一条铁律。

北宋时期有个名臣叫韩琦，曾同范仲淹共行新政，在北宋时长期担任宰相一职。

有一次，韩琦在统率部队时，夜间伏案办公，一名侍卫拿着蜡烛为他照明。时间一长，那个侍卫一走神儿，蜡烛烧了韩琦鬓角的头发。韩琦没说什么，只是急忙用袖子蹭了蹭，又伏案办公。过了一会儿，韩琦一回头，发现拿蜡烛的侍卫换人了。韩琦怕主管侍卫的长官鞭打那名侍卫，便赶快把侍卫们都召来，当着他们的面说："不要替换他，因为他已经懂得怎样拿蜡烛了。"军中的将士们知道此事后，无不感动，更佩服韩琦的胸怀了。

那名侍卫拿蜡烛照明不全神贯注，把统帅的头发烧了，本身就是失职，韩琦责备几句也是应该的，即使不责备，挨烧时"哎呀"一声也难免。可他不但忍着疼没吱声，发现侍卫换人了还担心侍卫受到鞭打责罚，极力替其开脱。他这种宽容比批评和责骂更能让士兵改正缺点，尽职尽责。韩琦统率的是一支大部队，这件事情虽小，但影响却大，上上下下一知晓，都愿意跟随他并为他效力。

宽容是解开人际关系疙瘩的最佳良药，宽广的胸襟是交友的上乘之道。退一步海阔天空，忍一时风平浪静。对于别人的过失，必要的指责无可厚非，但能以博大的胸怀去宽容别人，就会让人与人之间的关系更加和谐。

"海纳百川，有容乃大。"这是一句我们都应该牢牢记住的至理名言。宽容是美德，它能宽恕所有令自己能接受或不能接受的是是非非。学会宽容，我们的生活会变得更加快乐，我们的人生会变得更加丰盈。

忍一时风平浪静，退一步海阔天空

生活中，两个人发生争吵时，常能看见一方理直气壮地训斥对方，而另一方也在据理力争，场面越闹越大，情形越来越不妙，双方都有一种绝不罢休的势头。

其实，针锋相对并不能解决问题，理直的时候并不一定要气壮才能显示自己无错。这时候，退一步很有必要，而且冷静地处理、明智地忍让，有时更能看出一个人的思想修养与人格魅力，也更能体现出一个人的素质，当然，其更有助于矛盾的解决。

在一个乌云密布、狂风呼啸的傍晚，眼看一场大雨即将来临。在一个拥挤的候车亭下，众人盼望的最后一趟公共汽车终于来了。车还没有停稳，人们就纷纷抢着上车。突然，一个男子大吼道："你难道没长眼吗，看看我的鞋子……"另一个男子急忙说："对不起，先生。"

被踩的男子不依不饶："你的一声对不起值多少钱？我这双皮鞋是刚刚花了 500 多元钱买的，才穿了几个小时就被你踩脏了……"另一个男子依然道歉："真的很对不起，先生，是我不小心，请谅解！"

被踩的男子毫不留情："少废话。快点擦干净！"

眼看事态的发展不容乐观，年轻的女售票员拨开众人走过来说："两位静一静，我们都是在同一片天空下面对大雨的来临，我们在末班车里避逅，患难与共，这实在是一种难得的缘分。在我们乘车过程中，磕磕碰碰在所难免，大家应该互相帮助、互相忍让、互相谅解。这是我们民族的一种精神，也是每个人都应拥有的一种美德……"

女售票员的话刚说完，顿时掌声如雷。被踩的男子似乎有点尴尬，过了一会儿，他猛地抓住踩他皮鞋的那个男子的手说："真的很抱歉，刚才我过分了，请多多谅解，是我小题大做了。"

被握住手的男子也调侃地道歉道："请你多多谅解，踩了你的皮鞋我也心痛，以后我多多注意，乘车别再踩你的皮鞋就行了。"说完两个人都笑了，两双手握得更紧了，一场争执和平解决。

生活于世上便会面临各种纠纷，诸如家庭纠纷、亲戚朋友之间的纠纷、同事之间的纠纷、邻居之间的纠纷、陌生人之间的纠纷等，如果不及时加以解决，无疑会影响相互之间的关系和社会的安定团结。要解决这些问题，忍让是最好的方式。

有些人不懂忍让，为了一句话或是芝麻大点儿的蝇头小利争得你死我活，甚至闹上法庭，而这种做法，只会使双方终日处在乱不可及的状态，无法真正解决问题。

不能忍让是最害人害己的。看看那些因一时冲动而损害了他人和自己的人，哪个不是由于自己的不善忍让而造成的？世上本无事，庸人自扰之。

一个人在世上需要做的事情太多了，何必为了一件不值得的事情而大动干戈呢？"忍一时风平浪静，退一步海阔天空"，这句耳熟能详的话说来容易做来却难，这是由于人们好胜的心理在作怪。只有先克服了自身心理上的障碍，才能使自己真正学会宽容和忍让。学会了忍让，我们必会拥有和谐的人际关系。

多一些宽容和体谅，得饶人处且饶人

与人和谐相处，关键之一就在于是否有容人之心。我们在人际交往中，需要有好人缘，要想有好人缘就需要与别人友好相处，那么，怎样才能做到这一点呢？答案就是：以善良、仁爱的心对待一切，时时处处检点自己，严以律己，同时，要宽以待人，得饶人处且饶人。这就是与人交往时个人素质的体现。通常说，严以律己还不是太难，但是要具备宽以待人的品质就没那么容易了。

宋朝有个叫郭进的人，他任山西巡抚时，有个人到朝廷控告他。宋太祖召见了那个告状的人，问讯了一番后，结果发现他在诬告郭进，就把他押送回山西，交给郭进处置。很多人劝郭进杀了那个人，可郭进并没有杀他。当时正值外敌入侵，郭进便对诬告他的人说："你居然敢到皇帝面前去诬告我，说明你确实有点胆量。现在我既往不咎，赦免你的罪过，如果你能出其不意，消灭敌人，我将向朝廷保举你。如果你打败了，就自己去投河，别弄脏了我的剑。"那个诬告他的人深受感动，果然在战斗中奋不顾身，英勇杀敌，后来打了胜仗。郭进果然不记私仇，向朝廷推荐了他，他也得到了朝廷的提拔。

放对方一条生路，给对方一个台阶下，为对方留点面子和立足之地，对方便会感激不尽。聪明的人都懂得留一点余地给得罪自己的人，给对方一个台阶下，少讲两句，得理饶人。否则，不但打击不了眼前的对手，还会导致人际关系的恶化。

刘秀与朱鲔原来都是更始皇帝的臣属，朱鲔曾参与杀害刘秀之兄刘缤的策划，又曾一再建议更始皇帝收回刘秀的兵权。刘秀称帝后，亲率大军围攻朱鲔驻守的洛阳，几个月也未能攻下，刘秀便派了原为朱鲔部下的岑彭前去劝降。

岑彭在城下对朱鲔陈说天下大势，朱鲔在城上答道："刘缤被害，我参与其谋，又多次劝阻更始皇帝不让刘秀率兵出征，我深知自己有罪，不敢投降。"

岑彭将朱鲔的话报告给了刘秀，刘秀说："创建大业的人，不计较小的恩怨，朱鲔现在如果投降，官爵可保，我绝不会杀害他。我可以向这滔滔的大河发誓，绝不食言。"

岑彭向朱鲔转述了刘秀的话，朱鲔还是不大放心，从城头上坠下一条绳索说："你这话若是真的，就顺着这条绳索上来。"岑彭毫不犹豫，抓住绳子就要往上爬。朱鲔相信了，便答应投降。

几天以后，朱鲔带了一些随从，在岑彭的陪同下去见刘秀。临行时，他对部将说："我这一去若是不回来，你们立刻率部突围出去。"说完便将自己捆绑起来，来到刘秀大营。刘秀亲手将绳索解开，好言安抚，并命岑彭当夜将朱鲔送回洛阳。

第二天一早，朱鲔率部投降，刘秀当即任命他为平狄将军，封为扶沟侯。刘秀立刻进驻洛阳，并将洛阳定为东汉的首都。

若刘秀不懂得饶人，而杀了杀兄仇人朱鲔，恐怕历史就要改写了。以大局为重，得饶人处且饶人，做人若有此等胸怀，则可无敌于天下。

在日常生活中，谁都难免会与人发生一些不愉快的事情，产生一些摩擦和碰撞，引起冲突。这时候，如果处置不当，就会加深鸿沟，陷入困境，甚至导致双方关系的彻底破裂。而那些善于给自己留后路的人，懂得"得饶人处且饶人"的道理，他们不怀恨在心，因为他们明白，怨恨只会加深彼此的误会和矛盾。

人与人能交往是缘分，不必计较太多，也不必苛求对方尽善尽美，多一些宽容和体谅，得饶人处且饶人，那么，彼此之间的不愉快便会烟消云散。

谅解别人，是在壮大自己

孔子曾言："己所不欲，勿施于人。"意思是说，无论做什么事，都要推己及人，将心比心，这种推己及人的思想包含了理解他人、谅解他人的深刻含义。唐代韩愈在《原毁》中说："古之君子，其责己也重以周，其待人也轻以约。"这句话强调做人要严于律己，宽以待人，同样体现了人际交往中的谅解精神。

谅解在我国传统的道德观念中一直占有重要的位置。谅解可以化敌为友，不断地壮大自己。

春秋时期的齐桓公，谅解曾险些射死自己的管仲，并对其委以重任，从而成就了帝王霸业，青史留名。

三国时蜀国丞相诸葛亮，以广阔的胸怀对待南方彝族首领孟获，没有嘲笑也无斥责，更没有报复。一次次微笑着面对他，挥挥羽扇放而释之。诸葛亮的七擒七纵，使这位倔强的首领终于心悦诚服，俯首称臣，诸葛亮从此解除了蜀国伐魏的后顾之忧。诸葛亮的不计前嫌，让孟获放下了仇怨，双方化敌为友。相反，那些小肚鸡肠、斤斤计较、不懂得谅解别人的人，为了泄恨，时刻在思考着如何报复他人，如何把他人打得落花流水，以此来解心头之恨。恩恩怨怨，打到什么时候才能是个头？

唐太宗李世民不计前嫌、重用魏徵的故事广为流传。在李建成与李世民的皇位之争中，魏徵为李建成出谋划策，曾经多次使李世民陷入困境。

玄武门之变后，魏徵成了李世民的阶下囚。但是李世民十分欣赏魏徵的才干和人品，不忍将之杀害，于是便谅解并重用了魏徵，让他做了宰相。此后，魏徵帮助唐太宗成就了历史上著名的"贞观之治"。

李世民作为一代明君，自然有尊贤爱才的一面，但我们也会从中认识到，李世民是个宽宏大度、懂得谅解他人的君主。懂得谅解他人，其实就是把自己从仇恨和愤怒中解脱出来，从而壮大自己。

谅解别人，需要懂得沟通。客观事物纷繁复杂，个人的思想认识常常带有一定的局限性和片面性，人与人之间难免会产生误解，发生冲突。因此，当自己与他人发生矛盾或误会时，要主动与对方交谈，认真倾听对方的诉说。这样，才能沟通彼此的想法，从而消除彼此的误会和隔阂。

有一天，班主任让班上每个同学都带个大袋子到学校，让同学们把自己不愿意原谅的人的姓名写在马铃薯上，然后把马铃薯放在袋子里。班主任让同学们不管做什么都要带着袋子，结果，有的同学由于不愿原谅的人太多，让沉重的袋子压垮了自己的腰身。这个故事告诉我们，原谅别人就是放下自己的负担。懂得原谅别人的人，能放下负担，让自己过得轻松。

学会谅解，懂得谅解，人与人之间的关系才会更加和谐，人们的生活才会更加美好。任何人都有犯错的时候，如果懂得原谅别人的过错，就等于快乐了自己。工作中，领导会犯错，同事会犯错；生活中，朋友会犯错，亲人会犯错；家庭中，夫妻会犯错，儿女会犯错。大凡与自己有关的人，偶尔犯了错，我们都应该用一颗宽容的心原谅他们。只有这样，我们才不会用别人的错误惩罚自己。原谅了别人，不但会使他人走出窘境，同时也能让自己愉快轻松起来。

有理也让三分，是为自己留条路

有人把宽广的胸怀比作大海，因为大海能广纳百川，也不拒暴雨和巨浪；有人把忍耐比作弹簧，因为弹簧具有能伸能屈的韧性。人与人之间难免会产生一些误会或矛盾，如果经常为一些鸡毛蒜皮的小事争得面红耳赤，谁都不肯先低头，甚至大打出手，人与人之间的关系可想而知。其实，越是有理的人，如果表现得越谦让，越能显示出他胸襟坦荡、富有修养，更能得到他人的尊敬。

刘宽是汉朝时的一位官员，平时为人宽厚仁慈。他在南阳当太守时，当下属或老百姓做了错事时，为了以示惩戒，他只是让差役用蒲草鞭责打，让他们不再重犯，此举深得民心。刘宽的夫人怀疑刘宽是否像人们所说的那样仁厚，便想试探一番。有一次，在刘宽和属下做事的时候，她的夫人便让婢女捧出肉汤，故作不小心把肉汤洒在了他的官服上。刘宽不但没发脾气，反而问婢女："肉羹有没有烫着你的手？"由此可见，刘宽确实是宽厚仁慈之人。

刘宽这种有理让三分的做法，彰显了自己的胸襟，也赢得了人心。

在现实生活和工作中，很多冲突都是由于一方或双方纠缠不清，或得理不让人，一定要小事大闹，争个胜负造成的，但结果是矛盾越闹越大，事情越搞越僵。其实，在这些小事上，没有必要非要争个高低，得理让三分，用宽容之心待人，便能化解矛盾。"得理让人"是一种有效的交际技巧。

在一家餐馆里，一位顾客指着面前的杯子，高声喊道："服务员！你过来！你过来！看看，你们的牛奶是坏的，把我一杯红茶都糟蹋了！"

服务员一边赔着不是，一边微笑着说："真对不起，我立即给您换一下！"

很快，新红茶准备好了，碟子和杯子跟前一杯一样，放着新鲜的柠檬和牛奶。服务员轻轻地放到顾客面前，又轻声地说："我是不是能建议您，如果放柠檬就不要放牛奶，因为有时候柠檬酸会造成牛奶结块。"那位顾客好像明白了，脸一下子红了，匆匆喝完茶后就走了。

顾客们问服务员小姐："明明是他的错，你为什么不直说呢？他那么粗鲁，你为什么不反击一下？"

"朋友们，正是因为他粗鲁，所以我才用婉转的方式对待；正因为道理一说就明白，所以用不着大声。"服务员说，"理不直的人，常用气壮来压人；理直的人，要用气和来交朋友。"

在场的顾客都点头称赞，对这家餐馆也增加了许多好感。之后的日子，他们每次见到这位服务员，都想到她"理直气和"的理论，也用他们的眼睛证明了这位服务员的话有多么正确，因为他们常看到，那位曾经粗鲁的客人，和颜悦色、轻声细气地与服务员亲切交谈。

很多时候，有理也让三分，不仅可以化解矛盾，还能够让彼此加深理解、增进友谊，这对于建立融洽和谐的人际关系有着重要作用。

有理让三分，可以使纠纷化解在萌芽中，但如果自以为有理，对对方步步紧逼、厉声训斥，反而会导致矛盾的进一步升级。采取有理让三分的态度处理问题，则显示了自己的修养和大度。

在一辆公交车上，老张抓着扶手站着。到了一个车站，车门一开，冲上来一个小伙子，可能是因为车里不太挤，小伙子想找一个座位。他从车头冲到车尾，在经过老张时，他的背包在老张身上猛地一撞，老张觉得有点痛，小伙子也没有道歉，就站在老张的旁边。老张并没有生气，而是和颜悦色地对小伙子说："小伙子，做事情不要太急，不要横冲直撞，弄不好要闯祸的。你说对不对？"那个小伙子转过脸来说："叔叔，对不起，我太莽撞了，我碰疼您了吗？"一场可能发生的纠纷变成了相互关心。

讲理是天经地义的事情，只有以理服人才能让人接受。所以大家都讲理是一种前提，但有理也应该学会让人。在不是原则性的问题上，应该委婉地处理，应该能让人容易接受，这样才能达到一种双赢的效果。

这个世界很大，但也很小，地球是圆的，山不转水转，后会有期的事情常有发生。如果你今天得理不饶人，说不定哪天你们二人又会狭路相逢。如果那时他处于优势，而你处于劣势，你可能就会吃亏。

遇到矛盾或冲突时，有理也让三分，既是为他人着想，又能为自己留条路，这才是明智之举。

第十六章

整个世界都在治愈你，
唯独你不肯放过自己

快乐是一种最美妙的情感体验，我们每个人都渴望得到快乐，但又很难得到。其实，整个世界都在治愈你，唯独你不肯放过自己。一个人快不快乐，不是由别人决定的，而是由自己决定的。不管你处在什么样的环境，不管别人怎么说，不管你的心情是什么样子，只要你选择快乐，你就会得到快乐。

每个人都拥有快乐，它就藏在我们身边

我们时常觉得不快乐，就在于我们很少想到我们已经拥有的，而总是想着我们没有的。轻视乃至忽视自己拥有的，抱怨自己没有的，这样自然无快乐可言。

有一位心理学家，他的童年生活并不快乐，而且跟大多数少年一样沉溺在自己以为的痛苦中。但有一天他忽然醒悟：其实我是在畏难而取易。要闷闷不乐很容易，不需要花心思和力气，而真正的成就是尽自己所能获得快乐。

这位心理学家的原生家庭中没有人离过婚，"婚姻是一生一世的事"是这个家庭根深蒂固的信念。因此，在和前妻结婚 5 年、儿子出生 3 年后离异时，他整个人都垮掉了，他觉得自己一无是处。

后来他再婚了。婚后他向新婚妻子坦言，他摆脱不了家庭失败的心理阴影。他的新婚妻子问他："现在这个家有什么不妥（这时，他们的家人包括他的儿子和他现任妻子与其前夫所生的女儿）。"他说："其实我觉得很幸福。"新婚妻子说道："那么你为什么不因此而开心地生活？要想开心地生活，你首先必须摆脱完美家庭的假设和假象。"他听后似有所悟。

一个人要想拥有快乐人生，就要克服一些障碍，比如与别人比较、追求完美、过分注意缺陷等。

我们常常以为快乐只是一种感受，源自碰巧发生在我们身边的好事，而那种好事会不会发生，则不是由我们说了算的。但真相恰恰相反，快乐主要是由我们支配的，我们应该主动争取，而非被动等待。一个人想不想过开心的日子，这事完全在于自己的态度。

富有、伟大、成功等并不一定都能给人带来快乐。快乐其实是一种心灵的感受，是一种精神的体验。

对于我们每一个人来说，快乐绝非遥不可及，在许多时候，快乐可能就在我们的眼前。简单、放下、知足、做自己喜欢做的事等，都可能成为我们快乐的源泉。著名节目主持人吴小莉说得好，快乐是需要智慧的，快乐在于发现，在于寻找。唯有用心灵去感受快乐，用思想去体验快乐，才能找到真正的快乐。

有一位美国女作家，小时候经历的一件事情令她终生难忘。那时她父亲失业了，全家靠吃鱼市上卖剩下的鱼杂碎生活。有一天，她在一个商店的橱柜内看到一枚带红色塑料花的小别针，她一眼就相中了它，于是恳求妈妈给她一角钱买下它。母亲叹了口气说："可一角钱能买很多鱼杂碎呢!"这时父亲说话了："给她钱吧，要知道，用这么低的价格就能为孩子买到快乐的事情，今后很难再碰上了。"

契诃夫是俄国著名作家，阅读他的《生活是美好的》一文，能让我们在追求成功的路上得到很多安慰：

"要是火柴在你的衣袋里着火了，那你应该高兴，而且应感谢上苍：多亏你的衣袋不是火药库。

"要是有穷亲戚到别墅来找你，那你不要脸色发白，而是要喜气洋洋地叫道：挺好，幸亏来的不是警察。

"要是你的手指头扎了一根刺，那你应当高兴：挺好，多亏这根刺不是扎在眼睛里。

"要是你有一颗牙齿痛起来，那你该高兴：幸亏不是满口的牙痛。"

契诃夫在文章最后写道："依此类推……朋友，照我的劝告去做吧，你的生活会变得欢乐无穷了。"

"向企图自杀者进一言"是这篇文章的副标题，这大概是契诃夫的幽默用语。所有的人都可以在阅读这篇文章的过程中得到启发：快乐和幸福不是由我们的地位、财富所带来的，而是由我们的心境和感受创造的。

一个人拥有快乐才会活得惬意，没有快乐的人生是枯燥乏味的人生。一个人快不快乐，完全取决于他对待生活的态度，取决于他自己的选择——每个人都有选择快乐或者不快乐的权利，我们有权选择快乐。所以，我们完全可以让自己快乐起来。

快乐不在别处，就掌握在自己的手中

我们常常抱怨生活太无趣，抱怨别人总是会有好运气而自己从不曾有，抱怨天气总是阴天……由于总是不停地抱怨，好心情便离我们越来越遥远。事实上，抱怨并不能改变什么，也不能使我们得到什么。只有保持好心情，我们才有可能遇上好运气，才有可能获得快乐。

多年以前，一位作家和朋友在报摊上买报纸。买完报纸后，朋友礼貌地对报贩说了声"谢谢"，但报贩却态度冷淡，也没有回应。

作家问朋友："这家伙态度很差，是不是？"朋友回答："他每天晚上都是这样的。"作家问："那么你为什么还是对他那么客气？"朋友是这样回答的："为什么我要让他决定我的行为？重要的是，我是不可能让他决定我的快乐的。"

一个人快乐与否，不需看别人的脸色，快乐掌握在自己手中。

从前，有一个中年人，总是感到自己的生活不尽如人意，活得很不快乐，于是他便经常找人"算命"。有一天，他听说某山上的寺庙里有一位老和尚很有道行，便急忙去向老和尚请教："大师，请您告诉我，人真的有命运吗？"

老和尚答道："有。"

中年人连忙问道："那我是不是命中注定与快乐无缘呢？"老和尚听罢并没有回答，而是让这个中年人伸出他的左手。老和尚的目光停留在他的手掌之上，然后比画着对他说："请仔细看看，这条是爱情线，这条是事业线，另外一条就是生命线。"

过了一会儿，老和尚让中年人把手紧紧握起来："你说说看，现在这几根线在哪里？"

中年人疑惑地说："当然是在我的手里啊！"

老和尚继续问道："那么你说命运在哪里呢？"

中年人恍然大悟：原来命运一直掌握在自己手中，快乐也一直掌握在自己的手中！

生活中，我们之所以不快乐，很多情况下，都是因为我们在不知不觉中把它交给了别人来掌管。

一位已婚女士抱怨道："我活得很不快乐，因为丈夫常出差不在家。"她把快乐放在了丈夫的手里。

一位母亲说："我的孩子不听话，让我很生气！"她把快乐放在了孩子的手里。

一位婆婆说："我的媳妇不孝顺，我的命好苦！"她把快乐放在了媳妇的手里。

一位职员说："我的上司不赏识我，导致我情绪一直很低落。"他把快乐放在了上司的手里。

一个中年男人从五金店走出来说："刚才老板的服务态度真差，真让人生气！"他把快乐放在了五金店老板的手里。

这些人都做了相同的决定，那就是让别人来控制他们的快乐。

当我们容许别人掌控我们的快乐时，我们便觉得自己是个受害者，对现状无能为力，抱怨与愤怒便成了我们唯一的选择。我们开始怪罪他人，并且传达一个信息：我这样痛苦，都是你造成的，你要为我的痛苦负责！此时我们就把这一项重大责任托付给周围的人——要求他们使我们快乐。

我们似乎承认自己无法掌控自己，只能可怜地任人摆布。这样的人使别人不喜欢接近，甚至望而生畏。

　　一个人在田里劳动，满头大汗，可是他觉得很快乐，他就是快乐的；另一个人在花园里散步，可是他觉得自己不快乐，他就是不快乐的。你觉得你快乐你就是快乐的，快乐与不快乐都在你自己的手中。

只要用心体会，快乐就在小事中

　　我们今天拥有比前人更丰富的物质享受，如更精美细腻的食物、更高档的家具等。然而，反复受到高级享受的刺激，会提高人们对刺激感的需求，使人无法再享受小事或平常生活中的乐趣，从而形成越享受就越感觉不到享受的恶性循环。于是，很多人麻木了。难怪有不少人评论自己："我从来没有像今天这样富裕，然而再也感觉不到贫穷日子里那种从小事中得到快乐和满足的兴奋。"我们有 1000 条理由该高兴，然而却高兴不起来，这在心理学上被称为"幸福的悖论"。

　　一个人收获快乐的多寡，除与外界因素有关外，主要与自身的心理有关。人生许多烦恼都是自找的，有的人常常自己画地为牢，用过高的甚至贪婪的欲望来囚禁自我，自己将自己推入痛苦的沼泽，深陷其中而不能自拔。其实，每天都有许多快乐的小事能够让我们高兴，只要我们用心去感受。只要用心，我们可以发现鸟语花香、美味的食物、淳厚的友谊和有意义的工作。当下的快乐是很重要的，因为它可以作为缓冲保护我们不受悲伤的冲击，也可以直接影响我们的身心健康。试着并学会为小事高兴，是一种健康的心理。

　　心理学家做过一个实验，他们请受试者在六周内观察自己的心情。受试者每个人身上都带着呼叫器，记录他们当时的感觉并评定当时有多快乐。

实验的结果显示：不起眼的"小快乐"累加起来的快乐程度，要远远大于短暂的期望值很高的"大快乐"。一些很简单的快乐的小事，如晴天去外面散步一小时、带小狗去户外遛遛或做手工送给亲人朋友等，这些由小快乐加起来的快乐，远远胜过如"中大奖"之类的短暂且强烈的快乐。由此可见，小快乐是容易获取的，也是快乐的基石。

我们总会记得那些不寻常的事，却忽略一般的事情，如去注意飞机失事，却不注意每天全世界有千万次飞机安全起降。我们只记得生命中的大事，而这些大事通常是极端正面或负面的，因此当我们回顾一生时，会误认为快乐是建立在那些重大的事件上，因此而忽略了每天发生在我们生活中的小事。

只要用心去体会，我们便能从每一件小事中得到快乐。例如，写了一篇微博，一会儿就有人评论了，我们会感觉自己是被人关注的，并因此而快乐；有人赠送了一本满载邮票的集邮册，我们会觉得没花钱却得到了一份很有价值的东西而快乐；为朋友的生日送上了祝福，朋友发微信说"谢谢"，同样我们也很开心；在赶公交车的时候，正好不用等车就来了，我们开心不已……过好每一天，每天都为小事而快乐，那么，我们便将拥有充实而快乐的人生。

有一天，小孟和一位朋友去逛超市，走过一个货架时，朋友看到有几包糖果掉在了地上，他随即弯下腰，拾起那几包糖果，找到原来的位置放回。

小孟笑着对朋友说："又不是你碰掉的，这么大一个超市都没人理会，怎么就你这么积极？"朋友笑了笑回答："你不觉得整齐的购物环境会使大家都舒服一些吗？举手之劳，你我都愉快，何乐而不为呢？如果我走过去不管，我会一直惦念着这里，想着是不是有人已经把它捡起来了。但是，我现在捡起来了，虽然这是一件小事，但我觉得我为这件小事感到快乐。"

快乐需要我们去发掘，需要我们去寻找。只要我们擦亮双眼，用心去寻找，快乐总会出现在眼前。类似于打扫卫生的家常小事，就可以让人有小小的成就感进而感受到快乐。快乐都是靠自己体验的，事情虽小，感触却可以很深。生活中的每件小事都有其独特的意义，它们都是快乐的根源。点滴小事带来的快乐，汇聚起来也能成为快乐的海洋，足够滋润我们向往快乐的心田。

不满足不快乐，知足才能常乐

一个人之所以感觉不幸福、不快乐，很多时候是因为不知足。如果把不知足归结为人类后天的演变，这是不公正的。其实，不知足是人类的一种最原始的心理需求，而知足则是一种理性思维后的洒脱与达观。

如果在知足与不知足之间进行选择，人们更多地倾向于知足，因为它会让人心地坦然。无所求，无所需，就不会有太多的思想负荷，一切都会变得合理、正常、坦然，这正是我们想要达到的心境。

很久以前，有一位国王，天下尽在手中，按理说他应该很满足，但实际上并不是这样。

其实，国王自己也纳闷："为什么我对自己的生活还不满意？"尽管他也有意识地参加一些有意思的晚宴和聚会，但都无济于事，他总觉得缺了点什么，导致了自己并不快乐。

有一天，国王起了个大早，决定在王宫中四处转转。当国王走到御膳房时，他听到有人在快乐地哼着小曲。顺着声音，国王看到一个厨子在唱歌，脸上洋溢着幸福和快乐，样子很陶醉。

国王感到很奇怪，他问厨子："你为什么如此快乐？"厨子答道："陛下，我虽然只是个厨子，但我一直尽我所能让我的妻子和孩子快乐。我们所需不多，头顶有间草屋，肚里不缺暖食，便够了。我的妻子和孩子是我的精神支柱，而我带回家哪怕一件小东西都能让他们满足。我之所以天天如此快乐，是因为我的家人天天快乐。我很满足现在的生活。"

听完厨子的话，国王终于明白了自己不快乐的原因，原来是自己一直以来的不满足导致了自己的不快乐。

世界上有各式各样的快乐，但这些快乐的源泉都是懂得知足。只有知足的人，才会把身边星星点点的小事当作快乐来看待。

但在日常生活和工作中，当我们找到一份工作时，我们所想的是要怎样往上爬，要怎样才能出人头地，所谓"这山望到那山高"，这时候，我们的烦恼便出现了。如果我们换一种想法：这份工作确实得来不易，它是社会上种种的因缘与助力，才让我有了得到这份工作的机会。我们自然就会珍惜与尊重这份工作，而且对社会与人都会存有一种感恩之情。用这种心态对待工作与同事，我们随时都会感到很快乐。

只有学会知足，我们才能用一种超然的心态对待眼前的一切，不以物喜，不以己悲，不做世间功利的奴隶，也不为凡尘中的各种搅扰、牵累、烦恼所左右，人生也会不断得到升华。只有学会知足，我们才能在物欲面前和世间百态面前凝神静气，坚守自己的精神家园，执着地追求自己的人生目标。只有学会知足，我们才可以让生活多一些光亮，多一份感觉，不会为过去的得失而后悔，也不会为现在的失意而烦恼，而会抓住当下享受生活的乐趣。

一个人心里装着快乐，他就会快乐

快乐是人的一种积极的态度和认知，它是对"此时此刻"的一种正向的心理体验。快乐不是赚来的东西，也不是从别人那里获得的认同。快乐不是成功或道德的副产品，就像血液循环不是道德或成功的副产品一样。但是，血液循环与快乐两者都是健康与生存的必需品。如果人们一直要等到有"应该快乐"的思想时才快乐，那么就很难得到快乐。相反，只要我们心里有快乐，快乐便会无处不在。快乐对于每个人，也许都有不同的诠释，也许会在某些地方相同，也许是独一无二的。但是，只要能想得开、看得开，坦然接受自己现在所拥有的生活，活出自己的精彩，我们就会快乐。

多年不见的好友突然来到身边，你们谈着曾经共同度过的日子，把酒言欢是快乐；酷热的夏季，走在路上口干舌燥，抬头看见一家冷饮商店是快乐；回到阔别已久的故乡，刚走到家门前的小路，那条黄尾巴狗大老远就亲昵地跑来围着你转圈是快乐……你想快乐又怎会不快乐呢？小草说："快乐就是给大地妈妈换上绿装。"花儿说："快乐就是绽放灿烂的笑脸，释放宜人的清香。"太阳说："快乐就是在天空看着你们茁壮成长。"鱼儿说："快乐就是在清澈的水里，自由自在地游。"鸟儿说："快乐就是在热闹的丛林中，尽情歌唱。"快乐就是这么简单，无论你处于什么样的环境，只要你愿意，快乐都会处处跟随你。

张某突然收到祖父病危的消息，惶惶不安，和父母匆匆忙忙回到阔别已久的故乡。二十多个小时的颠簸之后，他们走进老家的院子，直奔祖父的房间。老人看见几人站立床前，笑了。虽然已经不能开口说话，但那笑容已表明了老人的心声。第二天上午，老人去世了。祖母说："你爷爷临终前，能够见到一家人回到身边，走也走得无牵无挂、开开心心。"一个历经沧桑、走过漫漫一生的老者，他最后的快乐竟是如此简单。

有人说有钱才会有快乐，其实钱和快乐并不成正比。

有个男人开了家小公司，创业之初希望拥有50万元财富。可当有了50万元时又想拥有100万元。当公司突飞猛进突破百万元时，他又与别人攀高比低。他整天在外奔波，经常把妻子、孩子留在家中，一家人很少有机会团聚。妻子的抱怨越来越多，孩子也逐渐和他疏远。钱越赚越多，他开始担心财物及一家人的生命安全，无论家里家外总得时时提防，闹得人心力交瘁，整日提心吊胆，生活越来越压抑，根本没有快乐可言。这个男人很疑惑："钱什么东西都能买回，可为什么就买不回快乐呢?"快乐与金钱并没有直接联系。只要我们心里多一些平和、宁静，多一些安然、知足，便很容易拥有快乐。

有的人想把所有好处揽入怀中，一个欲望满足了就催生出更大的欲望，每日勾心斗角、尔虞我诈，连睡觉都不得安宁，这样的人是不会有快乐可言的。

快乐的词典里本就没有贫富、尊卑之分。其实，丢掉所有的不快乐，就是快乐。

第十七章

想最幸福的事，就能成为最幸福的人

　　每个人都向往幸福，都想获得幸福。幸福不是谁给予的，幸福是靠自己艰苦奋斗和努力拼搏得来的，是靠自己去寻找和感受得来的。幸福是一种态度，也是一种感觉。想最幸福的事，做最幸福的人，我们每个人都可以做到。

想最幸福的事，做最幸福的人

著名的英语学者、已故的耶鲁大学教授威廉·莱安·费尔普斯常说："想最幸福的事，就是最幸福的人。"

那么，幸福是什么？问一百个人会有一百种答案，不同的人对于幸福有不同的理解。对于孩子来说，或许幸福就是一件漂亮的衣服，一顿美餐，一个没有作业的假期；对于恋人们来说，幸福就是一次甜蜜的相聚，一个温暖的拥抱，一个深深的吻；对于在沙漠中的人来说，幸福就是一口清凉的甘泉；对于久卧病榻的人来说，幸福就是能够从病榻上站起来。重见光明是盲人的幸福；孩子的第一声呼唤是做父母的幸福。

幸福是一种甜蜜的感受，人人都有这方面的体验。幸福更是一门深奥的艺术，很多人至今尚未入门。对此，美国社会心理学家戴维·迈尔斯颇有造诣。他发现了与幸福有关的因素，并列举如下几条：健全和健康的身体是幸福的基石；自尊是幸福的支架，也是幸福的赐予；控制感情是幸福的规则；乐观是幸福的源泉；豁达是幸福的开阔地；益友是幸福的开心果；合群、人缘好，幸福自然就会来……

幸福有时是一种心境、一种感觉，幸福是抽象的、无法具体描述的，并不是物质充裕与否可以决定的。因此，能够掌握幸福感觉的人，就是活在幸福当中的人，幸福存在于打开心门的人。

从前，有一位老妇人，在她结婚50周年纪念日那天，向来宾们道出了她保持婚姻幸福的秘诀。

她说："从我结婚那天起，我就准备了丈夫的 10 条错误。为了我们婚姻的幸福，我向自己承诺：每当他犯了这 10 条错误中的任何一条的时候，我都愿意选择原谅。"

有人问："那 10 条错误到底是什么呢？"

老妇人说："老实告诉你们吧，50 年来，我始终没把这 10 条错误具体地列出来。每当我丈夫做了错事，让我气得跺脚的时候，我马上提醒自己：算他运气好吧，他犯的是我可以原谅的那 10 条错误当中的一条。"

幸福有秘诀吗？很多人经常会思索这个问题，然而很难找到标准答案。其实，幸福不简单，但也并不难。

要想拥有幸福，就要有理想。有人整天不知所为，没有目标，得过且过，生活得一塌糊涂。有人整天忙忙碌碌，东奔西跑，永无停顿，生活了然无趣。这样的生活方式都不是幸福的。有时候我们会为了一个计划而充满力量，有时候我们会为了一个追求而不懈努力，有时候我们会为了满足不同的需求而暗暗奋发。这便是对生活的追求，对生命的追问。勇于追问生命的人是坚韧的，是幸福的。

要想拥有幸福，就要勤奋工作。无论你烦恼还是不烦恼，你每天总得做一些事情。选择怎样的态度去充实自己的人生，决定了自己幸福与否。勤奋的工作不仅能在工作范围内取得好的效果，而且能调动其他方面的积极性，让我们全面发展，变得多才多艺。积极的生活，才是有生命力的生活，才是幸福的生活。做一个勤奋的人，每一天阳光的第一个亲吻，肯定会先落在勤奋者的脸颊上。

要想拥有幸福，就要有规律地生活。习惯的东西有时很让人不可思议，一旦我们沾上它，一切动作就会那么自然，那么随意；一旦我们离开它，一切就变得不对劲，变得不舒服。在我们有这种感觉的时候，我们已经在享受幸福，已经把习惯当成了一种幸福。确实，习惯也是幸福。有规律的生活就是一种习惯。

要想拥有幸福，就不要抱怨生活。从我们呱呱坠地起，外貌的美丑、

195

家庭环境的好坏我们已经无法改变了。今天，我们不应该为自己不是鹅蛋脸而忧郁；明天，我们也不应该为没有丰富的晚餐而发脾气。在我们伤心的时候，在我们生气的时候，我们就已经在抱怨生活了。在我们抱怨生活的同时，生活也在抱怨我们。既然我们不能改变已经存在的，就应该更加努力，去创造我们想要的生活。这样的感觉才是幸福的。

要想拥有幸福，就不要贪图安逸。安逸的生活能让人舒心，没有安逸的生活时，也不应该强求。我们寻求安逸的心理越强，惰性就会越强。当理想与现实有一定的差距时，我们就会感到不可理喻，不可接受，然后只能活在无止境的虚幻之中，不能自拔。相反，不去奢望得不到的东西，脚踏实地，按照自己的目标与方向不断地前进，我们必定会得到属于自己的乐趣。知足者常乐也，知足者也幸福。

要想拥有幸福，就要降低负面影响。到了一个新的环境，遭到别人的取笑，周围的人不接纳我们，很多人中伤我们。当遇到这种情况时，该怎样去面对？逃避还是置之不理？当面理论还是以牙还牙？一个幸福的人知道该如何降低这些负面影响，于是，他到处疏通关系，他笑脸迎人，他宽容，他平静，于是，他幸福。

要想拥有幸福，就要珍惜时间。时间是公平的，不会因人而异。我们要在相同的时间里得到更多的收获，就必须懂得珍惜时间。这样才不会虚度光阴，才不会有心里空荡荡的感觉。

要想拥有幸福，就要不断地给自己动力。每个人都会面临失败，怎样让失败成为成功之母？怎样在跌倒的地方爬起来？怎样化悲伤为力量？我们首先要做的是平静，在心底默默地为自己鼓劲，从不同的方面找到不可以堕落的理由，从不同的方面找到应该奋发图强的动力。有了动力，生活才有不断进步、不断更新的可能，我们才能享受到生机勃勃的幸福。

要想拥有幸福，就要懂得感受友情。朋友是每个人在一生兜兜转转的路途之中不可缺少的，在我们困惑的时候，是朋友在给我们指路；在我们伤心的时候，是朋友轻轻地在给我们安慰；在我们奋斗的时候，是朋友默默地在给我们支持——哪怕是身边的琐事，一条短信、一个电话，朋友就出现在我们的面前。我们应该看到这些，看到他们的努力，看到他们的付出，为这些感动，为这些振作，为这些更加努力，为这些感到无比的幸福。

其实幸福并没有什么秘诀，只是取决于我们对生活的态度。我们认真地生活，生活也会对我们认真，我们糊涂地生活，生活也会对我们糊涂。面对世界上的一切，我们往往只有失去了才会懂得珍惜。幸福也是如此。很多人在幸福来临的时候，总是不屑一顾，等到后悔时，却只剩下一片凄凉。所以，在它还存在的时候紧紧地抓住它，不让它稍纵即逝，才能饱尝幸福的滋味。这便是幸福的秘诀。

珍惜福分的人，福常有余

在《唐语林》中，有这样一个故事。

有一次，唐太宗大宴群臣，让宇文士及割肉，宇文士及割完之后，用面饼擦手上的肉汁。唐太宗见状没作声，眼睛斜看着他。不知是宇文士及有节俭的习惯还是其他原因，总之他依然不动声色地用饼擦好手，然后从容地把这块饼吃了下去。那一边，唐太宗也松了一口气。到了唐玄宗时期，国家已经很富裕，宠妃还享用万里飞骑送来的荔枝，但他本人很舍不得一块饼。这一回割肉的是太子李亨，他也用饼擦手上的肉汁，唐玄宗也一直盯着他看。太子慢慢地拿起饼，大口地吃起来。唐玄宗非常高兴，对太子说："福当如是爱惜。"

在生活中，很多人衣食无忧，可是总感觉到不如意，他们目光所及之处全都是缺憾，因此，他们被烦恼和忧愁纠缠，不能自拔。其实，用一句俗话来形容他们，就是"身在福中不知福"，归根结底，是他们不懂得珍惜，不懂得惜福。当他们失去目前拥有的一切时，他们就能够从中体会到什么是幸福。正如著名作家毕淑敏在其文章中描述的那样："人们常常只是在幸福的金马车已经驶过去很远，才捡起地上的金鬃毛说，原来我见过它。人们喜爱回味幸福的标本，却忽略幸福披着露水散发清香的时刻。那时候我们往往步履匆匆，瞻前顾后，不知在忙着什么。"

明代著名思想家焦澹园曾说过："人生衣食财禄，皆有定数，当留有余不尽之意。故节约不贪，则可延寿；奢侈过求，受尽则终；未见暴殄之人得皓首也。"人的福报有限，能节约、珍惜，就可以延寿，如果过分奢侈，福报必然就会享尽。

明朝正德三年，出现了大旱灾，楝塘地方因为有水库而得以幸免。第二年又出现大水灾，楝塘地方也因堤坝高而没有遭灾。邻近的几个乡连续好几年没有收成，唯独楝塘地方接连丰收，而且得到了官府的两次免粮。于是，村里人廉价买进了各乡的产业，生活变得非常富有。但从此之后，该地朴素的风气荡然无存，奢靡成风。乡民陈良谟对他的哥哥说："我们村子会有奇祸发生！"哥哥问他是什么原因，他回答说："无福消受罢了。"不久后，村里果然发生了大瘟疫，存活下来的人很少。

珍惜福分的人，福常有余；暴殄天物的人，福常不足。幸福往往不在于拥有什么，而在于对拥有之物的珍惜。珍惜则有幸福，不珍惜，纵然家财万贯也不会感受到幸福。正所谓"不遇沙漠不知自己身处绿洲，不踏险滩不知自己漫步坦途，不遇饥渴不知什么是温饱"。如今我们处在物质生活相对丰裕的年代，要懂得珍惜，要学会惜福，这样，福报才会如细水长流般绵绵不绝。

那么，如何做才是惜福呢？首先要学会约束内心的欲望，也就是懂得知足；其次要懂得现在拥有的就是最好的，也就是活在当下。就知足而言，人生有涯，而物欲则是无穷的，如果不能很好地约束自己内心的欲望，任由欲望恣意放纵，那么这就不是惜福，而是取祸，"祸莫大于不知足"就是这个意思。因此，有福之人要懂得进退，知欲知足。而活在当下，更是福泽延绵的尺度。我们现在拥有的健康的身体、稳定的工作、幸福的家庭都是一种福气，心中长存这样的想法，自然就会惜福。

人生如戏，变幻莫测，我们要知足常乐，人生苦短，我们要珍惜所拥有的，这样，我们便会快乐而幸福。

幸福是触手可及的，它更喜欢现在进行时

对于幸福，有人认为幸福是将来时。没有钱的时候，他们总是幻想着将来某一天突然拥有一笔巨额的财富，于是开始反复盘算和计划如何支出那些钱，向往的过程中充满了兴奋和喜悦，好像这就是幸福。也有人认为幸福是过去时。他们常常沉湎于已经流逝的岁月，可是回到现实中，过去的毕竟"往事不可追，斯人徒憔悴"，徒留伤感。其实，幸福应该是现在进行时。

《百年孤独》的作者加西亚·马尔克斯曾经说过："真正的幸福是触手可及的，因为幸福更喜欢现在进行时。"我们只有把一个个现在串成幸福，才有一生一世的幸福。

孟瑶是一个多愁善感的女人，总是感到不幸福。她的朋友怕她患上抑郁症，就带她去看心理医生。心理医生问孟瑶为什么总是这样忧郁，孟瑶对心理医生说："我曾经梦想能够拥有那样的生活——有很多的钱，很多的时间和精力，自由地周游在世界各地，结交一大帮可以倾心交流的朋友，拥有一个理想的爱人，和他一直携手到老。可是我的家境很不好，我差点没读完大学。毕业后，我拼命地工作、赚钱、养家糊口，所以根本没时间去那些交友场合，更不要说外出旅游，也没遇见梦中的知心爱人。我的幸福在远方，在遥遥无期的远方。"心理医生听后，不容置疑地说道："你的幸福明明就在你的手边，就在此时此刻。"

孟瑶有些茫然不解，因为她没有感觉到幸福。心理医生继续说："那是

因为你还不懂得把眼前的每一分钟、每一次行动都看成通向幸福的必经之路，还没有学会品味追求过程中点点滴滴的幸福。"接着，心理医生引导她将目光投向窗外的人们。于是，她在建筑工人忙碌的身影中，在孩子互相追逐嬉戏的脚步中，在晒太阳的乞丐的脸上，在那些步履匆匆的职员身上，在那对互相搀扶的老夫妇的身影上，看到了心理医生所说的幸福。孟瑶恍然明白了，幸福就在每个人的手上，在自己认为琐碎的那些小事中，因为自己的眼睛总是过于关注前方，所以对于散落在生活中那些细小的幸福视而不见。明白了这一点，她开始快乐地工作、赚钱，幸福地雕琢着每一寸光阴。后来，她找到了相依相知的亲密爱人，曾经的梦想在手上一点点化为现实，最重要的是，她感觉到幸福与自己形影不离。

有首歌的歌词是这样写的："关于未来你总有周密的安排，然而剧情却总是被现实篡改。关于现在你总是彷徨又无奈，任凭岁月黯然又憔悴地离开。出乎意料之外，一切变得苍白。你计划的春天有童话的色彩。却一直不见到来。你撒下的渔网在幸福中摇摆，却总也收不回来。你始终不明白，一万个美丽的未来，抵不上一个温暖的现在。你始终不明白，每一个真实的现在，都曾经是你幻想的未来。"不要抱怨自己是不幸福的人，不要用沉重的欲望迷惑自己，不要总是看到自己还不曾拥有的东西，要静下心来，放下心中的负担，仔细品味自己已经拥有的一切，学会欣赏自己的每一次成功，每一点拥有。这样你会发现，自己竟会有那么多值得别人羡慕的地方，有那么多引以为傲的地方，这时幸福已经相伴身旁。

为没有鞋子哭泣时，想想没有脚的人

在生活和工作中，我们都会遇到各种各样的挫折。在挫折面前，有的人觉得自己是这个世界上最不幸的人。于是，他们开始不停地抱怨，抱怨老天不公，哀叹时运不济。这样下去的结果只有一个，那就是陷入无尽的痛苦中而无法自拔，甚至自暴自弃。

其实，上天对每个人都是公平的，只是我们常常会犯一个错误，那就是在意自己得不到的和已经失去的，而忽视现在所拥有的。永远去羡慕别人，看着别人，对自己已拥有的东西却不在意，也不知道珍惜。父母总是抱怨孩子不够听话，孩子总是抱怨父母不理解他们；男朋友抱怨女朋友不够温柔，女朋友抱怨男朋友不够体贴。他们从未想过，拥有健全的父母、健康的孩子和亲密的伴侣是一件多么幸福的事情。他们从未想过，有许多人正在悲叹"子欲养，而亲不待"；有许多家庭为了患病的孩子四处奔波求医；孤独寂寞的人更是处处可见。有些人就是这样，手里头攥着满满的幸福，却把自己的脑袋装满痛苦，并且不肯醒悟。

有一个女孩家里很贫穷，她因为没有鞋子穿而常常暗自哭泣。直到有一天，她看见公园的长椅上坐着一个少了一只脚的女孩。那个女孩被一场车祸夺去了一只脚，她天天坐在公园的长椅上发愁。这个女孩不知道的是，在她旁边的树荫下，一个癌症晚期的人正在悄悄看着她。这个已经被医生无情地宣判活着的时间已经不多的人，此刻正羡慕地看着小姑娘，他心想："如果我是这个女孩该多好，哪怕只有一只脚也行。"而不远处的栅栏外，有一只脏兮兮的流浪狗，正盯着这个病人手里的食物，这只可怜的流浪狗已经好几天没找到吃的东西了，它饿极了……这个场景可以继续延续下去。

我们总是在羡慕别人拥有的，但为什么不想想自己拥有的呢？有些人觉得拥有大量的财富和令人仰慕的权力才会幸福。为此，他们拼命奋斗，不曾停歇，他们来不及享受拥有的一切，他们也看不见已经拥有的一切，他们一辈子都在紧张中忙碌着。不知足的人即使生活在幸福之中，也感受不到幸福。因此，不要为了自己没有鞋子穿就哭泣，想想那些没有脚的人，他们纵然买得起好看的鞋子，也买不回来一双完好无缺的脚。人要学会知足，珍惜自己拥有的一切，才会从中获得幸福。

淡泊名利，幸福便悄然而来

翻阅古今中外的历史，我们会发现为名利而"献身"的大有人在，一句"人为财死，鸟为食亡"，惟妙惟肖地刻画出追逐名利者的悲哀。

《守财奴》中的老葛朗台，一生聚敛金币，临咽气的时候，还死死地抓住镀金的十字架不放。为了钱财，他坑害了许多人，还坑害了自己的妻子和独生女儿。

在生活和工作中，有些人投机钻营，每天都在做着发财的梦；有些人为官所累，日夜都在想着如何才能更好地去巴结上司。

有一天，庄子在水边钓鱼，楚王派两个大夫来请庄子："希望你能到楚国负责政务。"庄子手持鱼竿，头也不回地说："我听说楚国有一种用于占卜的神龟，已经死了三千年了，楚王命人用贵重的布帛裹盖着郑重地供奉在宗庙里。你们说，这只龟是宁愿死了留下骨头以此为尊贵呢，还是宁愿在污泥中拖着尾巴逍遥地生存呢？""当然是后者了。""你们请回吧，我宁可像龟一样，在污泥里拖着尾巴活着，也不愿死后留下枯骨让人看着很尊贵。"

幸福不是物质的充裕和满足，更不是挥霍与享受，幸福是物质之上的心灵感受。不看重富贵，淡泊名利，即使清贫仍能获得幸福。庄子一定是一个很幸福的人，因为他没有把名利看得太重，若是追逐名利而去，那么他可能与用于占卜的神龟的下场一样。

淡泊名利，并不是要我们拒绝名利，而是不要把名利看得过重。淡泊名利者，往往把名利视为社会的认可和集体的财富。名利的获得其实有许多客观因素和社会作用，离开了社会、离开了人群、离开了时代的认同，名利是不可能存在的，也不可能具有应有的意义。明白了这些，以正确的心态来看待名利，心灵就会镇定自如，从而获得淡然的幸福。

淡泊名利说起来简单，真正做到其实并不是一件容易的事情。有的人可能用毕生的精力去争取一个结果，到头来仍然没有通过淡泊名利这一关。有些对社会做出重要贡献的知名人士，当他们步入老年时，仍然摆脱不了对名利的贪求，一不小心便掉进了名利的陷阱，不但没有了幸福的晚年，还把自己的余生给断送了。

这些活生生的事实告诉我们，淡泊名利是多么重要。要做到淡泊名利，就不要把名利看得太重。"淡泊以明志，宁静以致远"，是一句我们都应该遵循的至理名言。

淡泊名利有益于身心健康。不贪图功名利禄、心胸开朗、无忧无虑的人，可以保持愉快、满足与积极的情绪，身心自然健康。

淡泊名利也是长寿的秘诀之一。冰心先生曾以"淡泊以明志，宁静以致远"为题，总结她长寿的经验。她认为，淡泊就是对物质生活不过分奢求，过俭朴的生活；宁静是心里尽可能地排除个人的杂念，少些私心，这样不仅不会伤神、伤身，而且会健康长寿。以这样的心态看待功名，人生必然幸福。

一个人太看重名利，随后而来的便是因名利而把自己羁绊于困苦之中。那些真正聪明的人，不会贪图虚荣，因为他们能放下功名利禄这些身外之物，所以他们能获得幸福。

第十八章

心安即归处，你的善良终将被温柔以待

　　你的善良，不会被辜负，终会被善待，终会有福报。你的善良，终将被温柔以待，你的伤痛，终将被善良治愈。善良让世界闪闪发光，你的善良必会散发光芒。一辈子善良，是最好的人品；有颗善良的心，是最贵的黄金。善良的人活在天地间，最踏实，最心安。

有善心善举之人，终得善报

相信大家都听过《农夫和蛇》的故事。一位农夫看到一条毒蛇快要被冻死了，起了恻隐之心，用身体给蛇取暖，蛇醒来之后却恩将仇报，咬死了农夫。这个故事中给人的启示是：以善心行事未必有善果。因此，许多人不肯再做善事。

其实这种看法有失偏颇，持有这种看法的人对故事没有全面理解。究其根本，这个故事是为了提醒我们，行善之时要看清行善对象的本来面目。纵然自己有好生之德，要救那条毒蛇也有很多种方法，不必以身犯险。凡是有危险的对象，最好先想一个周全的方法保护好自己不受伤害，再去行善。做什么事情都需要技巧，行善也不例外。能真心行善、正确行善的人，必然能够坦坦荡荡地走自己的路，也能因此得到各方的回馈。

据传，三国时期的江东吴氏之所以能称霸一方，也是因为祖宗积德行善。

汉末年间，在杭州府富阳县南面三十公里处的杨平山，住着一个名叫孙钟的人。他家里很穷，从小就失去了父亲，他对母亲非常孝敬，在当地有"孝子"之称。他们母子俩相依为命，靠种西瓜维持生活。

有一天，三个相貌不凡的小伙子来到孙钟的西瓜摊前，向他讨瓜吃。孙钟从这三个小伙子风尘仆仆的脸上，看出了他们有些疲惫。虽然对这三个人的到来感到有些突然，但是心地善良的孙钟还是立刻给了他们每人一块西瓜。那三个人毫不客气地吃了起来，吃完后还向孙钟讨要。孙钟丝毫没有犹豫，又给了每人一块。三人吃完后说："小兄弟心地真好，我们没有钱付你，但受到你如此好意的馈赠，真是无以为报。我们是司命之神，因为你孝顺母亲的德行感动了上天，所以上天派我们三人到此考验你的孝行。没想到你不仅孝顺母亲，而且还非常善良，所以我们指点你一下。"

孙钟听后感到很惊异。这时，其中一位小伙子指着山下的一处树丛说："小兄弟，这座山的风水很好，山环水抱，真龙结地，案山秀挺。你把父骨迁于此处，不久当出天子。"另一位接着说："你马上向山下走百步，再回头看我们，到时你脚下所站之地，就是可以下葬的吉穴。"孙钟将信将疑，在三人的催促下，还是朝那个方向走去。孙钟走了七十步左右，忍不住回头看那三人。三个小伙子齐叹："你回头太早了，在这里葬下只能封王。"然后，三个小伙子就化为白鹤腾空而去。孙钟大吃一惊，朝天跪拜，感谢上苍与神仙的指点，然后记下了这块地。他择了吉日把父亲的尸骨迁了过来。不久之后，他带着母亲，离开家乡，到外地经商去了。

由于孙钟辛勤经营，几年之后，他的生意越做越大，发了大财，并娶妻生子。一天，他回到家乡祭祖，突然看见天空中有五色光彩的云气降到父亲的坟头，良久环绕。他便恍然大悟，这是上苍赐予阴宅的福荫与王者的吉气。自此以后，孙钟广行善事。后来，孙钟的儿子孙坚做了吴王，并封孙钟为"武皇帝"。孙坚的儿子孙权、孙子孙亮也都做了吴王。世人感叹，孙家真是善心有善报。

尽管这个故事充满了神话色彩，但孙钟的善心、善行是值得后人称赞和学习的。然而，如果是居心叵测、虚情假意做善事，那结局可想而知。

有这样一个故事。从前，有一个老婆婆，大儿媳十分嫌弃她，对她不管不问。幸亏小儿媳明事理，一直在跟前侍奉吃喝。有一天，小儿媳走亲戚得了一个米粑，那时候的人都穷，这米粑可是个好东西。小儿媳舍不得吃，准备拿回家给婆婆。到家时，小儿媳想上厕所，就把米粑放在口袋里，结果米粑不小心掉进厕所里了。她赶紧捞起来，然后伤心地哭了。老婆婆听见后问她哭什么，她把缘由说了。老婆婆说："没关系，孩子。洗洗还能吃。"天上的神仙被小儿媳的孝心感动，赏了她好多珠宝钱财，从此小儿媳的日子富裕起来。

大儿媳知道事情的经过后，也想感动神仙，于是如法炮制，自己做了个米粑，然后扔到厕所里去，再捞起来洗了给婆婆吃。结果神仙大怒，天空中顿时电闪雷鸣，大儿媳被吓死了。这个故事告诉我们：用心行善终有善报，心怀不义天理不容。

成人之美，成人之善，也是成己之善

颜之推说："凡是有一个字可取于人的人，都要显示他、称赞他，不能偷窃他人之美作为自己的美。"李翱说："古代的君子，对于他人的善，害怕不能知道；既知道了，又耻于不能称赞他；能称赞他，又耻于不能成就他。"君子成全他人的行为，是一种人性之美。

孔子说："君子成人之美，不成人之恶，小人反是。"成人之美、积善成德，便成为品德高尚、受人尊敬的君子；成人之恶、积怨日多，便成为人格卑劣、遭人唾骂的小人。

宋代著名文学家范仲淹在做学官期间，经常把自己的薪俸拿出来资助那些穷苦的读书人。有个姓孙的秀才来拜访他，范仲淹见过之后，很关心这个才气过人的年轻人，于是送给他一些钱。第二年，这位孙秀才又来了，经过询问，范仲淹得知孙秀才因为要照顾母亲，所以没什么时间读书。于是，为成全孙秀才的读书之心，范仲淹给他安排了一个学职。知道机会来之不易的孙秀才学习非常刻苦，日夜抓紧时间读书修业，并且行为谨慎，严于约束自己的举止，很得范仲淹的赏识。

一年之后，因职务调动，范仲淹离开了那里，而孙秀才也结束自己的学业回家了。10年之后，范仲淹听说在泰山脚下有位天下闻名的先生教授

《春秋》，学问和修养均受到人们的赞誉，而朝廷也慕名把这位先生请到太学来当老师，于是前往拜访。这时才知道原来这位先生就是多年前家境贫寒的孙秀才，范仲淹心中很是欣慰。孙秀才频频致谢，感谢范仲淹当时的帮助与成全。

我们应该像范仲淹那样，有一颗仁德之心，处处以善为本，长存诚挚爱心，乐于成全他人。成人之美，自己也美。

在一个道口边上，站着一个老太太和一个年轻小伙子，小伙子是陪母亲去医院看病的。一辆破旧的长途汽车停了下来，车里的人很多，连过道里都挤得满满的。

小伙子双手搀着母亲的胳膊，费了很大的劲儿才把母亲搀上车。车上早就人满为患，母子俩只能站着。一个好心的姑娘突然站起来，微笑着对那位老人说："阿姨，您坐吧。"老人说："谢谢了，姑娘，我站站没关系，还是你坐吧。"小伙子竟然也谢绝了姑娘的好意，说他母亲身体硬朗，而且只有很近的一段路。

让座的姑娘脸上有些尴尬，再次说："还是您坐吧。"小伙子似乎还想说什么，老人拉了拉他的手，说："那好，姑娘，真是太谢谢你了。"让座的姑娘这才露出了笑容。

长途汽车一路颠簸，老人皱着眉头，好像在强忍着身体的不适。一会儿，母子俩到目的地下了车。下车后，小伙子问母亲："臀部伤口又疼了吧？不能坐，你还要坐。"

"唉，人家小姑娘是一片好意，如果我硬是不坐，会伤她的心。也许以后再遇到这样的事，她就不敢让座了。"

善意来自心灵深处。成全他人的善意是一种美德，是另一种善良，可以催化更多的善意，感化更多的人胸怀善意。成人之美，成人之善，也是成己之善。

帮助别人，也是在帮自己提升品德

从前，有一个盲人，每天晚上出门的时候，总会提一盏灯，看见的人总是笑他多此一举，而盲人却不这样认为。本来盲人点灯没有必要，但眼睛好的人在漆黑的晚上什么也看不见，有时会撞到盲人。如今盲人点上了灯，虽然自己看不见，可别人看得见他，一盏灯照亮了别人的路，同时也避免了别人撞到他，为别人创造方便的同时，自己也深受其益。

我们在帮助别人的同时，其实也是在无形中帮助自己。正所谓"投之以桃，报之以李"，一个人只有大方而热情地帮助和关怀他人，才会获得他人的帮助。因此，如果你想要得到别人的帮助，自己首先必须帮助别人。

从前，有一位果农培植了一种皮薄、肉厚、汁甜而少虫害的新果子。正当收获季节，引来不少果贩纷纷购买，这位果农收入颇丰，发了大财。

后来，当地不少人羡慕他的成功，也想借用他的种子来种果子，但这位果农认为物以稀为贵，其他人也种这种果子的话将会影响自己的生意，因此还是自己独享成功的喜悦为好，于是全都拒绝了。其他人没有办法，只好到别处去买种子。可是到了第二年果熟季节，这位果农的果子质量大大下降了，果贩们也都不收购他的果子了。这位果农很是苦恼，最后只好把果子降价处理，损失惨重。

这位果农想弄清楚造成这种现象的原因，于是就来到城里找专家咨询。专家告诉他，由于附近都种了旧种子，而唯有他的是改良种子，所以，开花时经蜜蜂、蝴蝶和风的传粉，把他的种子和旧种子杂交了，当然他的果子质量就大大下降了。

果农急切地问道："我应该怎么办？"

专家答道："这个好办，只要把你的好品种分给大家共同来种就行了。"

果农觉得专家说的有道理，立即照办了。接下来的一年，大家都收获了好果子，个个都喜笑颜开，也都增加了收入。

正是由于果农把自己的种子分给大家来种，帮助自己获得了丰收，又帮助别人获得了财富，取得了双赢的成果。

日本有一家著名的衣料店叫"越后屋"。每逢下雨时，很多没有带伞的顾客和行人都会聚集在屋檐或者店堂里面避雨。这时，越后屋的店员则拿出一把把雨伞"借"给他们使用。这些雨伞上面都印有醒目的"越后屋"三个大字。

当顾客把雨伞带走，"越后屋"的名字也随之到了各处，即使有人"忘记"归还也无妨。借伞的人总会对"越后屋"怀有感激之情，如果需要买衣料的话自然会想到"越后屋"。

"越后屋"的名字也随着一把把雨伞传到了各处，随着传播的还有"越后屋"的美誉。

每个人都有需要帮助的时候，每个人也都有帮别人忙的时候，我们的能力也许有限，我们帮的忙也许微不足道，但千万不要吝啬我们的帮助。这个帮助也许是盲人过马路时，伸出扶助的手；也许是看到窃贼时，给予失主一点及时机智的提醒；也许是面对患病者焦灼无助的眼神时，送上一个温和关切的微笑……或许，在不经意间，我们已帮助了自己。

不管我们的帮助作用是不是很大，是不是卓有成效，我们都要尽自己的努力去帮助别人。帮助别人的同时，也是在帮助我们提升自己的品德。

无论做人还是做事，但求无愧于心

人生在世，最怕的就是昧着良心做不该做的事。一旦如此，这一生就可能处在杯弓蛇影、惶惶不可终日的境遇里。人只有无愧于心，不做亏心

211

之事，才能保持内心的安宁平和。

曾有一个强奸犯，越狱逃亡 17 年后，竟然在儿女的陪同下回到监狱自首。监狱的管理员感到很奇怪：毕竟多年以后的今天，甚至已经没有人可以确认他就是当初的逃犯了，他为什么还要回来自首呢？他的儿女回答："由于父亲是有罪之人，逃亡之后也是有家不能回，每天东躲西藏，靠在外地捡破烂儿、下煤矿维持生计，没有一天能够踏踏实实过日子。一家人也跟着惶恐不安，常常在睡梦中惊醒……"而这个犯人自己说："是我自己要回来的，我做错了事，怎么处理我都认，我要把该坐的牢坐完，好好改造。"

逃亡 17 年后再去自首，原来是为了要弥补当年犯过的错，要把该坐的牢坐完，这样一家人才能安心踏实地过日子。当记者采访他时，他又说："他们（狱友）说我傻，出去了还回来，我说：'我跟你们不一样，我欠的债我还上，我好好改造。'他们有些人进监狱两三次了，明知道错了还要一再犯错，也太不应该了。"

这个案例的主人能够投案自首、回到监狱，就是为了安心接受改造，早日洗清罪恶，重新做一个清清白白的人。一个人只有清清白白、堂堂正正、无愧于心，才能心安理得、踏踏实实地面对每天的生活。

清朝雍正皇帝曾手书过一副对联："俯仰无愧天地，褒贬自有春秋。"这副对联讲的意思是，一个堂堂正正的人，无论做什么事，都要问心无愧。至于一时褒贬也不必太在意，千秋功罪自有后人评说。事实也正是如此，雍正皇帝励精图治，勤政无怠。他虽在位只有短短 13 年时间，却做出了很多帝王数十年都做不了的事，可是生前身后骂名不断、毁誉参半。时至今日，近 300 年时间过去了。很多人开始赞颂他的锐意革新、勤勉谨慎、惩贪立制，可谓一代英主。应该说，历史最终对他的所作所为给予了公正的评价。

其实，这对于雍正皇帝也不过是意料之中的评价。因为，我们能够清晰地从他当年手书的对联里看到他的豁达潇洒。当年的雍正皇帝本着一腔热血，立下大志，定要整顿山河。他成竹在胸，相信自己的努力定会被后人认可。

做人能够做到这样，确实是"俯仰无愧天地"。我们赞叹雍正皇帝的同时也会发现，无愧于心也包含了一种社会责任感。心中有了责任感，我们就会为己、为家、为国尽心尽力。当我们明白了自己肩负的使命后，就会坦荡无私、光明磊落。我们会把自己的一言一行，放在社会责任的天平上称量，尽力求得无愧于心。

要做到无愧于心，还要求我们具有很强的自律能力。一个善于自律的人，才会不断提醒自己不要放纵，不要迷失本心。一个善于自律的人，才能够抵挡住私欲的诱惑，勇于坚持自己的原则，无愧于自己的良心。

需要注意的是，有时正直和善良不一定能得到别人的理解，甚至会被别人误解为很傻，遭人讥笑。如果遇到这种情况，那么，就让我们在心底默诵一句广为流传的话："岂能尽如人意，但求无愧于心！"无愧于心是我们自己源于心底的一种诉求，是我们执着追求的一种人生信仰，我们无须时时刻刻附和别人。只要我们坚持做正确的事，做善良的人，就能问心无愧，一生无憾。

常怀感恩之心的人，永远是温暖的

"感恩"一词的解释是："乐于把得到好处的感激呈现出来且回馈他人。"心理学所说的感恩是一种内心境界，把自己完全看成世界、生命、人类的一部分，因为有整体所以我们才会存在，由此对整体充满敬畏与感激之心。

感恩是一种我们都需要掌握的处世哲学。人生在世，谁都不可能一帆风顺，种种痛苦、失败等都需要我们勇敢地去面对，豁达而机智地去处理。

当遇到困境时，我们是选择一味埋怨生活，从此变得消沉、萎靡不振，还是选择对生活满怀感恩，跌倒了再爬起来？英国作家萨克雷有句经典名言："生活就是一面镜子，你笑它也笑，你哭它也哭。"如果我们感恩生活，生活将赐予我们灿烂的阳光；如果我们不感恩生活，只是整天抱怨，那么我们将一直生活在黑暗中。

从前，在一个正在闹饥荒的城市里，有一个富裕且心地善良的面包店老板。他看着店外饥饿的孩子，心里很不是滋味。于是，他拿出一篮子面包，对那些孩子们说："这些面包你们一人一个。在上帝带来好光景之前，你们每天都可以来拿一个面包。"话一说完，饥饿的孩子一窝蜂似的拥了上来，他们围着篮子大声叫嚷着、吵闹着、争抢着，谁都想拿到最大的那个面包。当孩子们都拿到面包后，竟然没有一个人说"谢谢"就走了。

有一个叫艾丽丝的小女孩却例外，她没有同大家一起吵闹，也没有与其他人争抢面包。她只是站在几步之外，等别的孩子都拿到面包以后，才走过来把剩在篮子里最小的一个面包拿起来。她也并没有急于离去，而是向面包店老板说了句"谢谢"后才离开。

第二天，面包店老板依旧把盛有面包的篮子放到孩子们面前，其他孩子还像昨日一样吵闹、疯抢，依然没有一个孩子道谢。羞怯的艾丽丝只得到了一个比昨天的还小一半的面包，但她还是真诚地向面包店老板道谢后才离开。

艾丽丝回到家后，把面包交给了妈妈。妈妈切开面包，一枚闪亮的金币掉了出来。妈妈惊奇地叫道："快把金币送回去，一定是有人揉面的时候不小心揉进去的。"当艾丽丝把妈妈的话告诉面包店老板后，面包店老板面带慈爱地说："不，我的孩子，这没有错。是我让面包师故意把金币放进小面包里的，因为你懂得感恩，我要奖励你。愿你永远保持一颗感恩、善良之心。回家去吧，告诉你妈妈这枚金币是你的了。"艾丽丝激动地跑着回到了家，告诉了妈妈这件令人高兴的事。这是艾丽丝的感恩之心得到的回报，也是善良得到的馈赠。

那些常怀感恩之心的人，生活是快乐的，因为他们不计较个人得失，在他们的心中，从给予中得到的快乐永远大于自己的付出。常怀感恩之心的人，生活是温暖的，因为他们有亲情的关怀、爱情的滋润和朋友的关爱。常怀感恩之心的人，是知足常乐的，因为他们不攀求高官厚禄，不奢求荣华富贵，不贪图享乐，所以他们内心充足、愉悦。

古人云："施人慎勿念，受施慎勿忘。"感恩是一种美好的品德，是一种积极向上的思考和谦卑的态度，是一种充满爱意的行动，是一种处世哲学和生活智慧，也是做人做事应该坚守的信条。感恩不是简单的报恩，它是一种责任和追求阳光人生的精神境界。

怀着感恩之心做人做事，我们的心境就会轻松、平和、充实，我们的生活就会充满温暖，我们的人生就会变得丰盈。